Grundzüge
der
Beleuchtungstechnik.

Von

Dr.-Ing. **L. Bloch,**
Ingenieur der Berliner Elektrizitäts-Werke.

Mit 41 in den Text gedruckten Figuren.

Berlin.
Verlag von Julius Springer.
1907.

ISBN-13:978-3-642-89549-4 e-ISBN-13:978-3-642-91405-8
DOI: 10.1007/978-3-642-91405-8

Softcover reprint of the hardcover 1st edition 1907

Vorwort.

In den Werken, die sich mit dem Gebiet der Beleuchtungstechnik befassen, ist zumeist die Beschreibung der künstlichen Lichtquellen, sowie der Meßgeräte und Meßverfahren, die zu deren näherer Untersuchung dienen, recht ausführlich behandelt. Dagegen wird auf die Beleuchtungstechnik im eigentlichen Sinne, nämlich auf die Beurteilung, Messung und Berechnung der Beleuchtung fast stets nur kurz eingegangen. Im allgemeinen verfährt man ja auch bei der Vorausberechnung von Beleuchtungsanlagen recht summarisch. Sehr oft verläßt man sich auf das Ausprobieren nach der Ausführung oder wohl auch auf das gute Glück, daß man gerade das Richtige trifft. Früher lag dies wohl hauptsächlich daran, daß es an einfachen Verfahren zur Berechnung der Beleuchtung fehlte, und daß andererseits Messungen der Beleuchtung nur selten ausgeführt wurden. Andererseits hatte die künstliche Beleuchtung noch nicht die hohe Bedeutung, die ihr heute zukommt, wo zugleich mit dem Aufkommen immer neuer, im Gebrauch sparsamerer Lichtquellen und mit dem Wettstreit der verschiedenen Beleuchtungsarten das Lichtbedürfnis in erstaunlichem Maße gewachsen ist. Bei den großen Summen, die heute für die künstliche Beleuchtung ausgegeben werden, ist es wohl angebracht, wenn man sich eine Beleuchtungsanlage schon beim Projekt und auch nach deren Ausführung daraufhin genauer ansieht, ob die gewünschte Beleuchtung in ausreichendem Maße und nicht mit unnötig hohen Kosten erreicht wird. Man beginnt daher in den letzten Jahren sowohl auf die Vorausberechnung der Beleuchtung wie auch auf die Ausführung von Beleuchtungsmessungen etwas mehr Wert als früher zu legen. Diesem Umstande soll das vorliegende Buch durch seine Hauptabschnitte über die Beurteilung, Berechnung und Messung der Beleuchtung entsprechen und damit gerade diejenigen Gebiete der Beleuchtungstechnik eingehender behandeln, die sonst nur kurz gestreift werden. Hauptsächlich liegen diesem Teil des Buches einige Aufsätze zugrunde, die der Verfasser in den letzten Jahren in dem Journal für Gasbeleuchtung und der Elektrotechnischen Zeitschrift zu veröffentlichen Gelegenheit hatte. Dabei wurde erstrebt, die verschiedenen Arbeiten zu einem einheitlichen Ganzen zusammenzufassen und möglichst den Bedürfnissen der Praxis entsprechend zu erweitern und auszugestalten.

Da ohne ein vollständiges Beherrschen der Grundbegriffe der Beleuchtungstechnik ein weiteres Eindringen in dieselbe unmöglich und auch oft noch recht viel Unklarheit hierüber zu finden ist, werden in dem vorliegenden Buche zunächst diese Grundbegriffe behandelt und dabei versucht, dieselben durch eine leicht vorstellbare Analogie dem allgemeinen Verständnis möglichst zu erleichtern. Die Verfahren zur Ermittlung der mittleren sphärischen und hemisphärischen Lichtstärke wurden im Anschluß hieran etwas eingehender behandelt, weil hier oft viel Zeit bei der Anwendung zu umständlicher Verfahren unnötigerweise verloren geht.

Den Schluß des Buches bildet ein Abschnitt über die indirekte Beleuchtung. Dieser Beleuchtungsart schenkt man erst in den letzten Jahren die ihr zukommende Beachtung, während man sie lange Zeit als eine nur für elektrisches Bogenlicht in Betracht kommende und auch da sehr kostspielige Luxusbeleuchtung ansah. Die für direkte Beleuchtung angegebenen Berechnungsverfahren werden in diesem Abschnitt auf die indirekte Beleuchtung übertragen, und dabei wird gezeigt, daß auch diese der Vorausberechnung auf Grund praktischer Erfahrungszahlen zugänglich ist.

Der größte Teil des in dem Buche enthaltenen experimentellen und praktischen Materials ist durch die Versuchsstelle für Beleuchtungswesen bei den Berliner Elektrizitäts-Werken gewonnen worden. Daß die Direktion der Berliner Elektrizitäts-Werke die Gelegenheit und vielfache Anregung zur eingehenden Bearbeitung dieses Gebietes gegeben und die Erlaubnis zur Veröffentlichung des gewonnenen Materials in entgegenkommender Weise erteilt hat, verpflichtet mich zu besonderem Danke, den ich Herrn Geheimrat Dr.-Ing. Rathenau und Herrn Direktor Dr. Passavant an dieser Stelle abzustatten nicht versäumen will.

Berlin, im Mai 1907.

L. Bloch.

Inhaltsverzeichnis.

IV. Abschnitt.

Die Berechnung der Beleuchtung.

V. Abschnitt.

Die Messung der Beleuchtung.

VI. Abschnitt.
Indirekte Beleuchtung.

Anhang.

I. Abschnitt.

Grundgrößen der Beleuchtungstechnik.

1. Einleitung.

Die wichtigsten Grundgrößen der Beleuchtungstechnik sind der Lichtstrom, die Beleuchtung und die Lichtstärke. Jedem, der auf diesem Gebiete zu arbeiten hat, müssen diese Größen durchaus geläufig sein. Trotzdem werden dieselben sehr oft miteinander verwechselt, oder es werden falsche Vorstellungen damit verbunden. Um dem vorzubeugen, soll hier zunächst die Erklärung der Grundgrößen der Beleuchtungstechnik in möglichst einfacher Weise gegeben und zum leichteren Verständnis an Hand eines Analogie-Beispiels durchgeführt werden.

Um eine körperliche Vorstellung von der Wirkung der Lichtausstrahlung zu erhalten, kann man die Lichtquelle mit einem Sandstrahlgebläse vergleichen, das ebenso wie die Lichtquelle nach allen Seiten des Raumes Strahlen beliebig verschiedener Stärke aussenden möge. Das Gebläse befinde sich im Mittelpunkt einer großen Kugel, deren Innenwand derart mit einem Klebestoff überzogen sei, daß der innerhalb einer bestimmten Zeit ausgeworfene Sand an den Stellen der Kugelwand, auf die er auftrifft, auch haften bleibt. Die Wirkung der Schwerkraft denke man sich nicht vorhanden; somit gelangt der Sand vom Kugelmittelpunkt aus nach allen Seiten radial nach den Wänden und trifft daselbst senkrecht zu der Wandfläche auf. Da das Gebläse nach den verschiedenen Seiten des Raumes in verschiedener Stärke wirkt, so ist die Schicht des ausgeworfenen Sandes an den einzelnen Stellen der Kugelwand auch von verschiedener Stärke.

Die gesamte Sandmenge, die von dem Gebläse innerhalb einer bestimmten Zeit ausgeworfen wurde und an den Kugelwänden vorhanden ist, entspricht der gesamten Lichtabgabe der Lichtquelle innerhalb dieser Zeit.

Der Begriff der Lichtabgabe wird in der Beleuchtungstechnik verhältnismäßig selten gebraucht, weil die Lichtausstrahlung einer Lichtquelle fast stets entweder gar nicht oder nur in geringem Maße von der Zeit abhängig ist. Man beschäftigt sich daher fast ausschließlich mit der Lichtabgabe in der Zeiteinheit und bezeichnet dieselbe als Lichtstrom.

2. Lichtstrom.

Dem gesamten von einer Lichtquelle ausgehenden Lichtstrom entspricht in unserer Analogie auch wieder die gesamte an der Kugelwand vorhandene Sandmenge, wenn das Sandstrahlgebläse nur während einer Zeiteinheit wirkend gedacht wird. Man pflegt einen Lichtstrom mit dem Buchstaben Φ und den gesamten von einer Lichtquelle ausgehenden Lichtstrom mit $\Phi_\circ$ (sprich: Φsphärisch) zu bezeichnen.

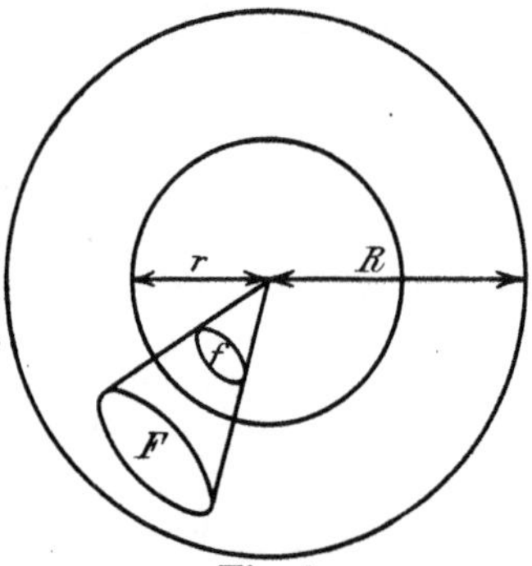

Fig. 1.

Betrachtet man nur einen Teil der um das Sandstrahlgebläse gelegten Kugel, zum Beispiel das Flächenstück F der Innenwand der Kugel vom Radius R (Fig. 1), so entspricht die auf diesem Flächenstück vorhandene Sandmenge dem Lichtstrom Φ innerhalb desjenigen körperlichen Winkels, der das Flächenstück F auf der Kugel vom Radius R ausscheidet. Auf einer kleineren konzentrischen Kugel vom Radius r schneidet derselbe körperliche Winkel das im Verhältnis der Quadrate der Radien $\left(\frac{r^2}{R^2}\right)$ kleinere Flächenstück f aus. Dagegen bleibt wegen der ausschließlich in radialer Richtung erfolgenden Ausstrahlung die ausgestrahlte Sandmenge innerhalb desselben körperlichen Winkels immer dieselbe und ebenso auch der von einer Lichtquelle ausgehende Lichtstrom. Man hat daher auf der kleineren Fläche f dieselbe Sandmenge wie auf der größeren Fläche F. Die Schichtdicke der an der Kugelwand haftenden Sandmenge muß demnach entsprechend größer werden, und zwar im umgekehrten Verhältnis der Flächen oder der Quadrate der Kugelradien.

3. Beleuchtung.

Die Dicke der Sandschicht an jeder Stelle der Kugelwand entspricht der Beleuchtung (E) der Kugelwand, wenn sich eine Lichtquelle im Kugelmittelpunkt befindet. Ebenso wie die Schichtdicke des Sandes fällt die Beleuchtung umgekehrt proportional mit dem Quadrat der Entfernung vom Kugelmittelpunkt, d. h. von dem Standort der Lichtquelle. Hiermit haben wir das wichtigste Gesetz der Beleuchtungstechnik in einfacher Weise mit Hilfe des Analogie-Beispiels gewonnen.

Solange die Lichtausstrahlung nach den verschiedenen Raumrichtungen verschieden ist, erhält auch die Beleuchtung an den einzelnen Stellen der Kugelwand verschieden große Werte entsprechend den verschiedenen Schichtdicken. Ersetzt man die verschiedenen Schichtdicken auf einer bestimmten Fläche, zum Beispiel der Fläche F in Fig. 1, durch eine gleichmäßige mittlere Schichtdicke unter der Voraussetzung, daß die gesamte auf der Fläche F befindliche Sandmenge dieselbe bleibt, so stellt diese mittlere Schichtdicke die mittlere Beleuchtung (E_m) der Fläche F dar. Die mittlere Schichtdicke wird erhalten, wenn man die gesamte auf der Fläche F vorhandene Sandmenge durch die Größe der Fläche F dividiert. Da diese Sandmenge dem Lichtstrom Φ und die mittlere Schichtdicke der mittleren Beleuchtung E_m entspricht, so erhält man diese durch Division des Lichtstroms Φ durch die Fläche F, nach welcher der Lichtstrom Φ gelangt.

$$E_m = \frac{\Phi}{F}.$$

Dieses Gesetz gilt ganz allgemein für beliebige Flächen und nicht nur für Flächen auf den um die Lichtquelle gelegten konzentrischen Kugeln.

In dem bisher betrachteten Falle trafen die Lichtstrahlen durchweg senkrecht (normal) auf die Kugelfläche, die sie beleuchten, auf; man wählt daher hierfür die Bezeichnung

„Normalbeleuchtung". Fällt dagegen das Licht nicht senkrecht auf die zu beleuchtende Fläche auf, sondern unter einem Winkel α, den die Normale des zu beleuchtenden Flächenelements mit dem auftreffenden Lichtstrahl bildet, so steht dieses Flächenelement zu dem vom gleichen körperlichen Winkel ausgeschnittenen Flächenelement, das senkrecht zu der Richtung des Lichtstrahls steht und von der Lichtquelle gleichweit entfernt ist, in demselben Verhältnis wie 1 zu $\cos \alpha$. Auch hier ist die Beleuchtung ebenso wie die Dicke der Sandschicht umgekehrt proportional der Größe der Fläche. Die Beleuchtung unter dem Winkel α wird daher $\cos \alpha$ mal so groß wie die Normalbeleuchtung in derselben Entfernung von der Lichtquelle und wird demnach mit zunehmendem Winkel α immer kleiner.

4. Lichtstärke.

Nachdem die Bedeutung des Lichtstroms und der Beleuchtung erklärt ist, ergibt sich hieraus in einfachster Weise auch der am häufigsten gebrauchte Begriff der Lichtstärke. Betrachtet man diejenige um das Sandstrahlgebläse gelegte Kugel, deren Radius der Längeneinheit gleichkommt (zum Beispiel 1 Meter), so entspricht der Dicke der Sandschicht an jeder Stelle der Kugelwand die Normalbeleuchtung im Abstande einer Längeneinheit von der Lichtquelle und diese wird als Lichtstärke J der Lampe in der betreffenden Richtung bezeichnet. Jeder von der Lichtquelle ausgehenden Raumrichtung entspricht hiernach eine Lichtstärke, die durch die Normalbeleuchtung im Abstande einer Längeneinheit von der Lichtquelle bestimmt ist. Entsprechend dem oben erhaltenen Gesetze, daß die Beleuchtungen umgekehrt proportional dem Quadrat der Entfernung von der Lichtquelle sind, wird die Normalbeleuchtung (E_N) in beliebigem Abstande von r Längeneinheiten aus der Lichtstärke J in der betreffenden Richtung erhalten als:

$$E_N = J \cdot \frac{1}{r^2}.$$

Trägt man die Lichtstärken von der als punktförmig angenommenen Lichtquelle aus nach den verschiedenen Raumrichtungen ab und legt durch die Endpunkte dieser Vektoren eine Fläche, so erhält man den photometrischen Körper der Lichtquelle. Derselbe gibt ein Bild von der Lichtverteilung nach allen Richtungen des Raumes; jedoch stellt weder der Kubikinhalt noch die Oberfläche des photometrischen Körpers eine in der Beleuchtungstechnik verwertbare Größe dar. Legt man durch den photometrischen Körper eine Ebene, die die Vertikalachse der Lichtquelle in sich enthält, so ergibt der Schnitt dieser Ebene mit der Oberfläche des photometrischen Körpers eine Polarkurve der Lichtverteilung. Diese Kurve gibt in einem ebenen Polarkoordinatensystem die Lichtverteilung der Lichtquelle für alle Raumrichtungen an, welche in diese Ebene fallen.

Sind die Polarkurven der Lichtverteilung für eine Lichtquelle in allen die Vertikalachse enthaltenden Ebenen einander gleich, so ist der photometrische Körper ein Rotationskörper, und man bezeichnet die Lichtquelle als eine symmetrische Lichtquelle. Erhält man dagegen verschiedene Polarkurven je nach der Lage der die Vertikalachse enthaltenden Ebenen, so ist die Lichtquelle eine unsymmetrische. Während bei symmetrischen Lichtquellen die Lichtstärke immer dieselbe bleibt, so lange die Lichtquelle unter demselben Winkel zur Vertikalachse betrachtet wird, ist dies bei unsymmetrischen Lichtquellen nicht mehr der Fall.

Im Gegensatz zu dem hier durchgeführten Erklärungsgang, der am einfachsten Aufschluß über die Beziehungen der Grundgrößen der Beleuchtungstechnik zueinander und über deren Bedeutung gibt, frägt man im praktischen Gebrauch in erster Reihe nach der Lichtstärke der Lichtquellen, weil dieser Begriff für die Sinne der am leichtesten wahrnehmbare ist. Denn das Auge beurteilt eine Lichtquelle weder nach ihrem gesamten Lichtstrom, noch nach der damit erzielten Beleuchtung, sondern nur nach der Lichtstärke in derjenigen Richtung, in der es die Lichtquelle betrachtet. Zur Beurteilung der Lichtquellen nach ihrer Lichtstärke suchte man sich nun im allgemeinen zunächst diejenige Richtung aus, in der die Lichtquelle ihre maximale Lichtstärke entwickelt. Da bei fast allen vor Einführung des elektrischen Bogenlichtes gebräuchlichen Lichtquellen die maximale Lichtstärke in der Nähe der horizontalen Richtung auftrat und außerdem die Messung der Lichtstärke gerade in dieser Richtung am bequemsten war, so kam man dazu, die Lichtquellen nach ihrer horizontalen Lichtstärke zu beurteilen und zu vergleichen. Bei genaueren Messungen berücksichtigt man noch, daß man bei den meisten Lichtquellen die Lichtstärke in horizontaler Richtung Verschiedenheiten aufweist, je nachdem man von verschiedenen Seiten aus die Lichtquelle beobachtet; man mißt dann die Lichtstärke in horizontaler Richtung von verschiedenen Seiten aus, nimmt aus den so gemessenen Werten den Mittelwert und bezeichnet diesen als mittlere horizontale Lichtstärke.

Die elektrischen Bogenlampen passen sich dieser Beurteilung nicht an, weil sie gerade in horizontaler Richtung nur sehr geringe Lichtstärken aufweisen. Man mußte daher zu der Ansicht kommen, daß der Vergleich verschiedenartiger Lichtquellen auf Grund der nur in einer bestimmten Richtung ausgestrahlten Lichtstärke nicht zu richtigen Ergebnissen führen kann und suchte daher nach einem Begriff, der einerseits die Dimension und Bedeutung einer Lichtstärke hat, andrerseits aber doch ein Maß für den gesamten von einer Lichtquelle ausgehenden Lichtstrom gibt. So kam man zu dem Begriff der mittleren sphärischen Lichtstärke.

5. Mittlere sphärische Lichtstärke.

Wie erwähnt, entspricht in unserer Analogie der Lichtstärke in einer Richtung die Schichtdicke des Sandes an der entsprechenden Stelle einer Kugel mit dem Radius der Längeneinheit. Breitet man nun die gesamte Sandmenge derart über diese Kugelfläche aus, daß die Schichtdicke an allen Stellen dieselbe wird, so entspricht diese mittlere Schichtdicke der mittleren Beleuchtung der ganzen Kugelfläche vom Radius 1, und dieser Mittelwert wird mittlere sphärische Lichtstärke (J_0) genannt. Da die Kugel vom Radius 1 die Oberfläche 4π hat und die gesamte Sandmenge auf derselben dem gesamten Lichtstrom (Φ_0) entspricht, so geht daraus unmittelbar folgende Beziehung zwischen dem gesamten Lichtstrom und der mittleren sphärischen Lichtstärke hervor:

$$\Phi_0 = 4\pi J_0.$$

Die mittlere sphärische Lichtstärke ist die in erster Linie maßgebende Größe für den theoretischen Vergleich verschiedener Lichtquellen, da sie ein Maß für den Gesamtbetrag der in Licht umgesetzten Energie gibt.

6. Mittlere hemisphärische Lichtstärke.

Für praktische Zwecke kommt sehr oft nicht der gesamte Betrag des erzeugten Lichtes in Frage, sondern nur derjenige Teil, der auch wirklich zur Beleuchtung ausgenützt wird. Bei der Straßenbeleuchtung ist dies nur das Licht, welches nach der unteren Hälfte einer die Lichtquelle als Mittelpunkt umgebenden Kugel (nach der unteren Hemisphäre) ausgestrahlt wird. Um den Wert verschiedener Lichtquellen für derartige Zwecke vergleichen zu können, hat man den Begriff der mittleren hemisphärischen Lichtstärke ($J_{\triangledown}$) geschaffen.

Denkt man sich um die Lichtquelle als Mittelpunkt eine Kugel vom Radius 1 gelegt, so entspricht die mittlere hemisphärische Lichtstärke der mittleren Beleuchtung der unteren Hälfte dieser Kugel oder in unserer Analogie der mittleren Dicke der Sandschicht auf der unteren Kugelhälfte vom Radius 1. Ist der nach der unteren Kugelhälfte gelangende Lichtstrom $\Phi_{\triangledown}$, so wird, da die Halbkugel vom Radius 1 die Oberfläche 2π hat:

$$\Phi_{\triangledown} = 2\pi J_{\triangledown}.$$

Das Verhältnis der mittleren hemisphärischen zur mittleren sphärischen Lichtstärke $\left(k_{\frac{\triangledown}{\circ}}\right)$ kann hiernach höchstens den Wert 2 annehmen, wenn der gesamte Lichtstrom nach der unteren Kugelhälfte gelangt und demnach $\Phi_{\circ}$ und $\Phi_{\triangledown}$ einander gleich werden. Der untere Grenzwert dieses Verhältnisses wird 0 in dem Falle, wo gar kein Licht nach der unteren Kugelhälfte gelangt.

Im allgemeinen wird unter der mittleren hemisphärischen Lichtstärke nur die mittlere Lichtstärke der unteren Hemisphäre verstanden. In besonderen Ausnahmefällen, zum Beispiel bei Lampen für indirekte Beleuchtung, kann auch die mittlere Lichtstärke der oberen Hemisphäre von Bedeutung werden. Man bezeichnet diese dann als mittlere obere hemisphärische Lichtstärke ($J_{\vartriangle}$), und es besteht zwischen ihr und dem nach der oberen Hemisphäre gelangenden Lichtstrom ($\Phi_{\vartriangle}$) gleichfalls die Beziehung

$$\Phi_{\vartriangle} = 2\pi J_{\vartriangle}.$$

Da der gesamte Lichtstrom

$$\Phi_{\circ} = \Phi_{\triangledown} + \Phi_{\vartriangle},$$

so ist

$$4\pi J_{\circ} = 2\pi J_{\triangledown} + 2\pi J_{\vartriangle}$$

oder

$$2 J_{\circ} = J_{\triangledown} + J_{\vartriangle}.$$

7. Flächenhelligkeit.

Eine weitere Grundgröße der Beleuchtungstechnik ist schließlich noch die Flächenhelligkeit der Lichtquellen (manchmal auch mit „Glanz“ bezeichnet). Hierunter wird das Verhältnis der Lichtstärke einer Lichtquelle zur Größe ihrer Licht ausstrahlenden Oberfläche verstanden. Je größer die Flächenhelligkeit einer Lichtquelle ist, desto mehr übt sie eine blendende Wirkung auf das Auge aus. Sind Lichtquellen von großer Flächenhelligkeit der direkten Beobachtung durch das Auge ausgesetzt, so müssen sie, um nicht störend zu wirken, mit lichtzerstreuenden Glocken versehen werden, welche die Flächenhelligkeit durch Vergrößerung der leuchtenden Fläche herabsetzen. Die Größe der Flächenhelligkeit für verschiedene Lichtquellen ist zu entnehmen aus: Zeitschrift für Beleuchtungswesen, 1903, Heft 23, oder: Uppenborn, Deutscher Kalender für Elektrotechniker, Jahrgang 1907, Teil II, Seite 110; ferner: Elektrotechnik und Maschinenbau (Wien), 1906, Seite 939.

8. Einheiten und Bezeichnungen.

Das Maßsystem der Beleuchtungstechnik ist kein absolutes, sondern ein willkürliches, weil es bisher noch nicht gelungen ist, eine feste Beziehung zwischen den Größen des absoluten Maßsystems und denen der Beleuchtungstechnik aufzustellen. Man muß daher von einer willkürlichen Größe ausgehen, und als solche ist die Einheit der Lichtstärke festgelegt. Eine allgemein gültige Einheit der Lichtstärke gibt es jedoch bisher noch nicht, da zwischen den maßgebenden Ländern hierüber noch keine Einigung erzielt werden konnte. In Deutschland und einer Reihe von anderen Ländern ist die Lichteinheit die Lichtstärke der Hefner-Lampe in horizontaler Richtung, wobei über die Konstruktion der Lampe, die Zusammensetzung des Brennstoffes (Amylacetat) und die Bedingungen beim Brennen genaue Festsetzungen getroffen sind.

Näheres hierüber siehe:

Zeitschrift für Instrumentenkunde 1893, Seite 257—267; Journal für Gasbeleuchtung 1893, Seite 343—346; Uppenborn, Deutscher Kalender für Elektrotechniker Jahrg. 1907, Teil II Seite 111.

Die Einheit der Lichtstärke wird hiernach bei uns als „Hefner-Einheit“ bezeichnet (geschrieben: HK, entsprechend der früheren Bezeichnung „Hefner-Kerze“).

Über die in anderen Ländern gebräuchlichen Einheiten und deren zahlenmäßiges Verhältnis zur Hefner-Einheit siehe u. a.: Uppenborn, Deutscher Kalender für Elektrotechniker Jahrg. 1907, Teil II, Seite 112; Monasch, Elektrische Beleuchtung (VIII. Band der Repetitorien der Elektrotechnik. Herausgegeben von A. Königswerther. Hannover, 1906): Seite 9—12 und 224.

Aus der Einheit der Lichtstärke werden alle anderen Einheiten der Beleuchtungstechnik abgeleitet. So wird erhalten:

Die Einheit der Beleuchtung wird durch eine Lichtquelle von der Lichtstärke einer Hefner-Einheit im Abstande von 1 Meter auf einem zu der Strahlungsrichtung senkrechten Flächenelement hervorgebracht. Diese Einheit wird als 1 „Lux“ bezeichnet (abgekürzt: Lx).

Die Einheit des Lichtstroms wird von einer Lichtquelle, die nach allen Raumrichtungen die gleichförmige Lichtstärke einer Hefner-Einheit hat, in dem körperlichen Winkel 1 ausgestrahlt. Es ist dies derjenige körperliche Winkel, welcher auf einer Kugeloberfläche vom Radius 1 m eine Fläche von 1 qm ausschneidet. Die Einheit des Lichtstroms bezeichnet man als 1 „Lumen“ (abgekürzt: Lm).

Die Einheit der Lichtabgabe ist die Abgabe des Lichtstroms 1 Lumen während einer Zeiteinheit, nämlich einer Sekunde oder einer Stunde, und heißt dementsprechend entweder „Lumensekunde“ oder „Lumenstunde“.

Für die während einer bestimmten Zeit wirkende Beleuchtung ist der Begriff „Belichtung“ festgesetzt worden. Die

Einheit der Belichtung ist die von 1 Lux während einer Sekunde. Diese Einheit heißt 1 „Luxsekunde".

Die Einheit der Flächenhelligkeit besitzt eine Lichtquelle von der Lichtstärke einer Hefner-Einheit und der Oberfläche von 1 qcm. Eine besondere Bezeichnung ist hierfür nicht eingeführt und man drückt daher die Flächenhelligkeit in Hefner-Einheiten für 1 qcm aus.

II. Abschnitt.

Messung und Berechnung der Lichtstärke.

Dieses Gebiet findet man in der einschlägigen Fachliteratur zumeist recht ausführlich behandelt. Hier soll nur so weit darauf eingegangen werden, als es erforderlich erscheint, um die notwendigen Grundlagen für die weiterhin zu besprechende Berechnung und Messung der Beleuchtung zu geben.

9. Messung der Lichtverteilung.

Um die Lichtverteilung einer Lichtquelle zu erhalten, hat man in einer Vertikalebene von der Vertikalachse der Lichtquelle aus von 10^0 zu 10^0 fortschreitend die Lichtstärke zu messen. Ein geringerer Abstand der einzelnen Meßpunkte als 10^0 ist nur bei besonders unregelmäßiger Lichtverteilung oder bei besonders genauen Aufnahmen erforderlich. Trägt man die gemessenen Werte in einem Polarkoordinatensystem auf, so ergibt die Verbindungslinie der Meßpunkte die Lichtverteilungskurve der untersuchten Lichtquelle. So ist zum Beispiel eine derartige, an einer gewöhnlichen Gleichstrom-Bogenlampe ohne Glocke gemessene Lichtverteilungskurve in Fig. 40 Kurve A (Seite 109) eingetragen.

In einer Vertikalebene erhält man zwei Lichtverteilungskurven, weil die Lampe von beiden Seiten aus in derselben Ebene gemessen werden kann. Bei vollständig symmetrischen Lichtquellen (siehe oben Seite 5) ist nur die Aufnahme einer dieser beiden Kurven erforderlich. Bei schwach unsymmetrischen Lichtquellen, wie es die meisten praktisch gebräuchlichen Lichtquellen sind, wird man auf beiden Seiten der Lichtquelle die Messung vornehmen und die unter gleichen Winkeln mit der Vertikalachse erhaltenen Ergebnisse der Messung auf beiden Seiten jeweils zu einem Mittelwerte zusammenfassen. Bei stark unsymmetrischen Lichtquellen genügt die Messung in einer Vertikalebene allein nicht, sondern man muß noch eine weitere Messung in der dazu senkrechten durch die Vertikalachse der Lampe gehenden Vertikalebene auf beiden Seiten der Lampe ausführen und erhält dann für die mittlere Lichtverteilungskurve die Mittelwerte aus je vier Messungen unter gleichen Winkeln gegen die Vertikalachse. Für die praktische Beleuchtungsberechnung kommt auch bei unsymmetrischen Lichtquellen nur diese mittlere Lichtverteilungskurve in Betracht, weil eine Berücksichtigung der Unsymmetrie eine übermäßige und für praktische Bedürfnisse nicht notwendige Erschwerung der Arbeit bedeuten würde.

10. Berechnung der mittleren sphärischen und hemisphärischen Lichtstärke.

In der oben benützten Analogie entsprach der mittleren sphärischen Lichtstärke die mittlere Schichtdicke der gesamten Sandmenge auf der Kugel vom Radius 1, wobei die einzelnen wirklich vorhandenen Schichtdicken den Lichtstärken J in den einzelnen Richtungen entsprechen. Man erhält die gesamte auf der Kugeloberfläche vorhandene Sandmenge als Integral oder Summe aller einzelnen Sandmengen $J\,dF$ auf den unendlich kleinen Flächenteilchen dF. Dividiert man durch die Oberfläche der ganzen Kugel, die beim Radius 1 die Größe 4π hat, so erhält man die mittlere Schichtdicke. Dementsprechend wird auch die mittlere sphärische Lichtstärke:

$$J_\circ = \frac{1}{4\pi}\int J\,dF.$$

Betrachtet man eine Kugel vom Radius r (Fig. 2) deren Vertikalachse GOK ist, und in deren Mittelpunkt O sich die Lichtquelle befindet, so erhält man für das Flächenelement dF im Punkte R folgende Größe, wenn der Winkel α der mit der Vertikalachse gebildete Winkel und der Winkel β derjenige ist, den die Vertikalebene des Punktes R mit der in die Papierebene fallenden Vertikalebene bildet:

$$dF = r\,d\alpha \cdot r \sin\alpha \cdot d\beta = r^2 \sin\alpha\, d\alpha\, d\beta.$$

In dem oben für $J_\circ$ angegebenen Ausdruck ist der Kugelradius $r = 1$ und man erhält nach Einsetzen des für dF gefundenen Wertes:

$$J_\circ = \frac{1}{4\pi} \int J \sin\alpha \, d\alpha \, d\beta.$$

Da für uns jetzt nur symmetrische Lichtquellen (siehe Seite 5) in Betracht kommen, so ist die Lichtstärke J nur mit

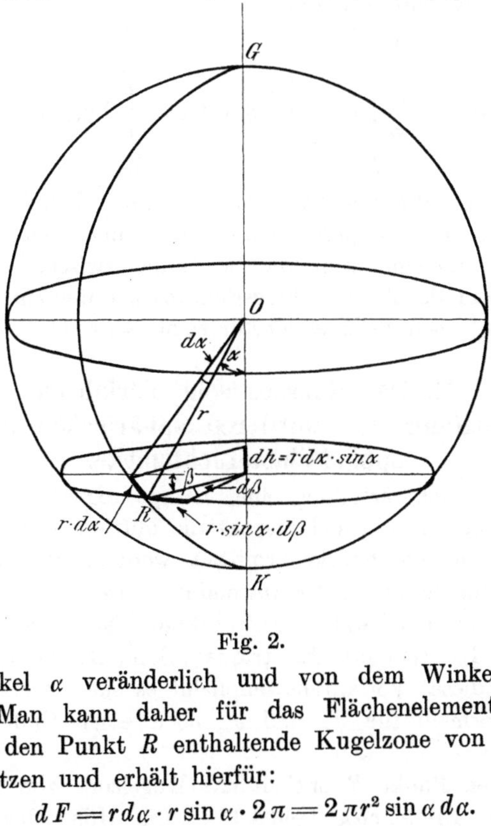

Fig. 2.

dem Winkel α veränderlich und von dem Winkel β unabhängig. Man kann daher für das Flächenelement dF nunmehr die den Punkt R enthaltende Kugelzone von der Breite $r d\alpha$ einsetzen und erhält hierfür:

$$dF = r d\alpha \cdot r \sin\alpha \cdot 2\pi = 2\pi r^2 \sin\alpha \, d\alpha.$$

So wird die mittlere sphärische Lichtstärke:

$$J_\circ = \frac{1}{4\pi} \int_{\alpha=0}^{\alpha=\pi} J \cdot 2\pi \sin\alpha \, d\alpha = \frac{1}{2} \int_0^\pi J \sin\alpha \, d\alpha.$$

Um einen entsprechenden Ausdruck für die mittlere hemisphärische Lichtstärke zu erhalten, sind die hier von 0 bis π sich erstreckenden Integrationsgrenzen nur über die untere Halbkugel, also über den Bereich von 0 bis $\frac{\pi}{2}$ auszudehnen. Ferner ist anstatt durch die Fläche der ganzen Kugel nur durch die Fläche der Halbkugel vom Radius 1 zu dividieren und so wird erhalten:

$$J_{\triangledown} = \frac{1}{2\pi} \int_{\alpha=0}^{\alpha=\frac{\pi}{2}} J \cdot 2\pi \sin\alpha \, d\alpha = \int_0^{\frac{\pi}{2}} J \sin\alpha \, d\alpha.$$

Die hier abgeleiteten Formeln können hauptsächlich zur Berechnung der mittleren sphärischen und hemisphärischen Lichtstärke dienen, wenn die Beziehung zwischen der Lichtstärke J und der Ausstrahlungsrichtung α durch eine Gleichung gegeben ist. Ein Beispiel hierfür siehe Seite 114.

11. Das Rousseausche Verfahren zur Ermittlung der mittleren sphärischen und hemisphärischen Lichtstärke.

Ist die Lichtverteilung einer Lampe experimentell aufgenommen worden und soll hieraus die mittlere sphärische oder hemisphärische Lichtstärke ermittelt werden, so gelangt hierfür meist ein Verfahren zur Anwendung, das unter dem Namen „Rousseausches Verfahren" bekannt ist. (Angegeben von Rousseau, La Lumière Electrique: Band 26, Seite 60.) Zur Erklärung dieses Verfahrens empfiehlt es sich, die eben abgeleiteten Formeln für $J_{\circ}$ und $J_{\triangledown}$ noch einer Umformung zu unterziehen.

Die den Punkt R enthaltende Kugelzone von der Fläche dF hat die Breite $r d\alpha$ (Seite 13). Die Höhe dieser Kugelzone ist wie aus Fig. 2 hervorgeht:

$$dh = r d\alpha \cdot \sin\alpha.$$

Dieser Wert kann in den oben (Seite 13) für dF abgeleiteten Ausdruck eingesetzt werden und so wird:

$$dF = 2\pi r^2 \sin\alpha \, d\alpha = 2\pi r dh.$$

Da wir jetzt eine Kugel vom Radius r haben, so ist in den Ausdrücken für $J_{\circ}$ und $J_{\triangledown}$ statt durch 4π und 2π durch $4\pi r^2$ und $2\pi r^2$ zu dividieren. Man erhält also:

$$J_{\circ} = \frac{1}{4\pi r^2}\int J\cdot 2\pi r\,dh = \frac{1}{2r}\int_{h=+r}^{h=-r} J\,dh = \frac{1}{2}\int_{h=+1}^{h=-1} J\,dh$$

$$J_{\triangledown} = \frac{1}{2\pi r^2}\int J\cdot 2\pi r\,dh = \frac{1}{r}\int_{h=+r}^{h=0} J\,dh = \int_{h=+1}^{h=0} J\,dh.$$

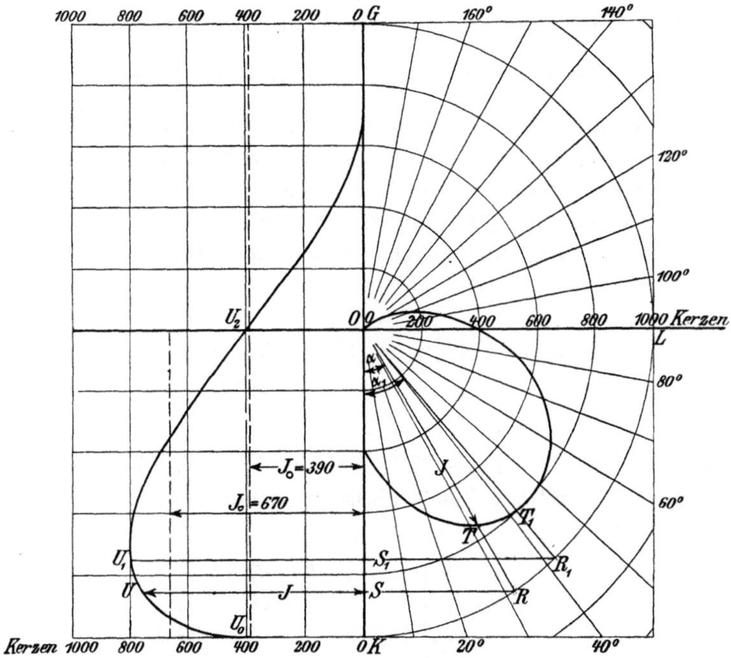

Fig. 3. Rousseausches Verfahren zur Ermittlung der mittleren sphärischen und hemisphärischen Lichtstärke.

Die zuletzt angegebenen Ausdrücke werden erhalten, wenn man den Radius der um die Lichtquelle gelegten Kugel wieder gleich einer Längeneinheit wählt.

Auf Grund dieser Formeln ergibt sich nunmehr der Gang des Rousseauschen Verfahrens in sehr einfacher Weise. Ist für die Lichtverteilungskurve auf der rechten Hälfte von Fig. 3 die mittlere sphärische Lichtstärke $J_{\circ}$ zu ermitteln, so legt man um den Punkt O, der als Sitz der Lichtquelle gedacht ist, einen Kreis vom Radius einer Längeneinheit. (Im allgemeinen wählt man hierfür 1 dm.) Die einzelnen Abschnitte SS_1 des die Vertikalachse der Lichtquelle bildenden Durchmessers KG entsprechen den Höhen dh der einzelnen Kugelzonen. Trägt man nun über KG als Abszissenachse die zugehörigen Lichtstärken

$$J = OT = SU$$

als Ordinaten auf, so muß die Verbindungslinie der Ordinatenendpunkte, die „Rousseausche Kurve“, eine Fläche begrenzen, die das in obiger Formel enthaltene Integral $\int J dh$ darstellt. Die zu dem Punkte S gehörige Lichtstärke J wird dabei jeweils als OT auf dem Fahrstrahl OR erhalten, wenn man den Punkt S auf den Halbkreis KLG nach R projiziert. Wird die gesamte Fläche KU_0U_2G durch $2r = KG$ dividiert, so erhält man entsprechend der obigen Formel die mittlere sphärische Lichtstärke:

$$J_{\circ} = \frac{1}{2r} \int_{h=+r}^{h=-r} J dh = \frac{\text{Fläche } KU_0U_2G}{2r}.$$

Ferner ergibt die Fläche KU_0U_2O durch den Radius $r = OK$ dividiert die mittlere hemisphärische Lichtstärke:

$$J_{\triangledown} = \frac{1}{r} \int_{h=r}^{h=0} J dh = \frac{KU_0U_2O}{r}.$$

Zur Ermittlung der mittleren sphärischen nnd hemisphärischen Lichtstärke nach dem Rousseauschen Verfahren wird man hiernach für eine Anzahl Punkte zwischen K und G (ca. 20 für $J_{\circ}$, ca. 10 für $J_{\triangledown}$) die Lichtstärken aus der Lichtverteilungskurve entnehmen, dieselben als Ordinaten über KG

an den entsprechenden Stellen auftragen und für die so erhaltene Fläche den Flächeninhalt mittels Planimeter ermitteln.

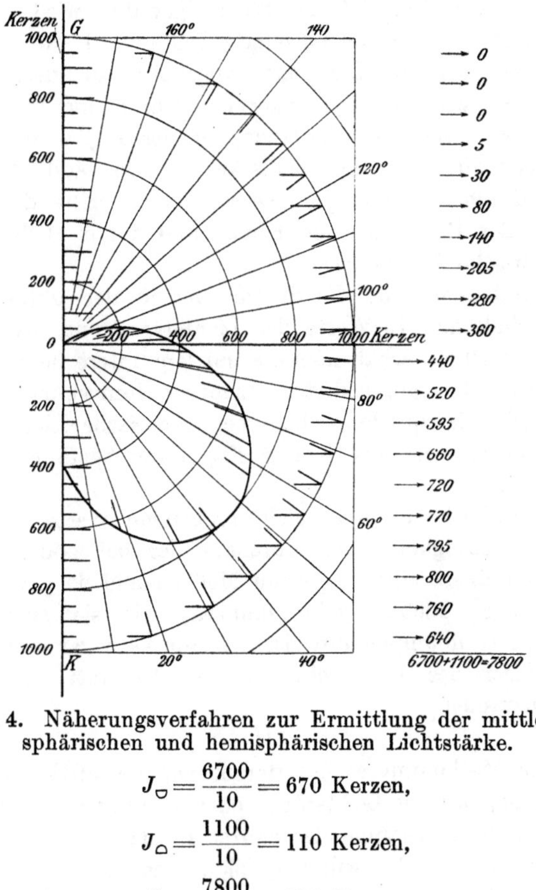

Fig. 4. Näherungsverfahren zur Ermittlung der mittleren sphärischen und hemisphärischen Lichtstärke.

$$J_{\triangledown} = \frac{6700}{10} = 670 \text{ Kerzen},$$

$$J_{\triangle} = \frac{1100}{10} = 110 \text{ Kerzen},$$

$$J_{\circ} = \frac{7800}{20} = 390 \text{ Kerzen}.$$

12. Näherungsverfahren zur Ermittlung der mittleren sphärischen und hemisphärischen Lichtstärke.

I.

Das Aufzeichnen und Planimetrieren der Rousseauschen Kurve kann man sich auch ersparen, wenn man zur Ermittlung der mittleren sphärischen und hemisphärischen Lichtstärke in folgender Weise vorgeht: Man teilt den Durchmesser KG (Fig. 4) in 20 gleiche Teile ein, jeden zu 1 cm, wenn, wie es meist geschieht, KG zu 20 cm gewählt wird. Für den Mittelpunkt eines jeden einzelnen Teiles wird die zugehörige Lichtstärke aus der Lichtverteilungskurve in gleicher Weise entnommen, wie es oben angegeben wurde und in Fig. 4 angedeutet ist. Die so erhaltenen, in der Fig. 4 rechts angeschriebenen 20 Werte der Lichtstärke werden addiert und ihre Summe durch 20 dividiert. Dieser Wert ergibt die mittlere Ordinate der Rousseauschen Kurve und damit auch die mittlere sphärische Lichtstärke.

Nimmt man nur die Summe der in der unteren Hemisphäre erhaltenen 10 Werte der Lichtstärke und dividiert dieselbe durch 10, so erhält man die mittlere untere hemisphärische Lichtstärke der gezeichneten Lichtverteilungskurve. Ebenso kann auch die mittlere obere hemisphärische Lichtstärke erhalten werden, wie aus dem in Fig. 4 durchgeführten Beispiel hervorgeht.

Die auf diesem Wege sich ergebenden Werte entsprechen in ihrer Genauigkeit noch durchaus der bei photometrischen Messungen überhaupt möglichen Meßgenauigkeit. Bei ziemlich gleichmäßigen Lichtverteilungskurven, wie sie zum Beispiel elektrische Glühlampen aufweisen, würde es sogar genügen, den Durchmesser des Halbkreises nur in 10 statt in 20 gleiche Teile einzuteilen.

II.

Sehr oft kommt es nur darauf an, die mittlere sphärische oder hemisphärische Lichtstärke einer Lichtquelle zu ermitteln, ohne daß die Aufnahme der ganzen Lichtverteilungskurve verlangt ist. Kann oder will man nicht das in erster Linie hierfür geeignete Ulbrichtsche Kugelphotometer benützen, so kann man nach einem von L. W. Wild angegebenen Verfahren vorgehen, welches ohne Aufzeichnung der Lichtverteilungskurve nach Messung der Lichtstärke von 30° zu 30° die Berechnung der mittleren sphärischen und hemisphärischen Lichtstärke ermöglicht. (Electrician, London, 1905, Seite 936 und E. T. Z. 1906, Seite 122.) Das Verfahren gibt bei ziemlich gleichmäßiger Lichtausstrahlung, wie zum Beispiel bei elektrischen Glühlampen, Resultate mit einer Genauigkeit von etwa

$^1/_2\,^0/_0$. Bei ungleichmäßiger Lichtausstrahlung, wie zum Beispiel bei Bogenlampen, ist die Genauigkeit geringer, aber auch hier übersteigen die Fehler nur selten $3\,^0/_0$.

Zur Erklärung des Verfahrens kann die Fig. 3 (Seite 15) benützt werden. Der Abschnitt SUU_1S_1 der von der Roumanschen Kurve begrenzten Fläche KU_0U_2G wird erhalten als

$$J\,dh = J\cdot(SS_1) = J\cdot r\,(\cos\alpha - \cos\alpha_1)$$

Die Lichtstärke J ist hier die mittlere Lichtstärke in dem Winkelbereiche zwischen α und α_1 und stimmt mit der Lichtstärke für den Winkel $\frac{\alpha+\alpha_1}{2}$ nahezu überein. Nach der oben (Seite 15) durchgeführten Ableitung ergibt sich die mittlere sphärische Lichtstärke:

$$J_\circ = \frac{1}{2r}\int\limits_{h=+r}^{h=-r} J\,dh = \frac{\Sigma J\cdot r\,(\cos\alpha - \cos\alpha_1)}{2r} = \frac{1}{2}\,\Sigma J\,(\cos\alpha - \cos\alpha_1)$$

Die Wahl der Winkel α für die einzelnen Abschnitte ist beliebig; nur muß die Zahl der Abschnitte groß genug sein. So erhält man, wenn die Lichtstärken von 30^0 zu 30^0 gemessen werden:

$$\begin{aligned}J_\circ = \frac{1}{2}\Big\{ & J_{0^0}\,(\cos 0^0 - \cos 15^0) + J_{30^0}\,(\cos 15^0 - \cos 45^0)\\ & + J_{60^0}\,(\cos 45^0 - \cos 75^0) + J_{90^0}\,(\cos 75^0 - \cos 105^0)\\ & + J_{120^0}\,(\cos 105^0 - \cos 135^0) + J_{150^0}\,(\cos 135^0 - \cos 165^0)\\ & + J_{180^0}\,(\cos 165^0 - \cos 180^0)\Big\}\end{aligned}$$

An Stelle der Lichtstärken bei 0^0 und 180^0 sollten genau genommen diejenigen bis $7{,}5^0$ und $172{,}5^0$ treten; jedoch tragen diese beiden Glieder zum Gesamtbetrage so wenig bei, daß diese Vernachlässigung ganz belanglos ist. Die einzelnen Faktoren, mit denen die Werte der Lichtstärken zu multiplizieren sind, ergeben sich aus der trigonometrischen Tabelle und man erhält:

$$\begin{aligned}J_\circ = {} & 0{,}017\cdot J_{0^0} + 0{,}1295\cdot J_{30^0} + 0{,}224\cdot J_{60^0} + 0{,}259\cdot J_{90^0}\\ & + 0{,}224\cdot J_{120^0} + 0{,}1295\cdot J_{150^0} + 0{,}017\cdot J_{180^0}\end{aligned}$$

oder:

$$J_{\circ} = 0{,}017\,(J_{0^0} + J_{180^0}) + 0{,}1295\,(J_{30^0} + J_{150^0}) + 0{,}224\,(J_{60^0} + J_{120^0}) + 0{,}259\,J_{90^0}$$

In gleicher Weise kann auch die mittlere hemisphärische Lichtstärke berechnet werden, wenn die einzelnen Lichtstärken bei 0°, 30°, 60° und 82,5° gemessen sind. In diesem Falle erhält man:

$$J_{\triangledown} = J_{0^0}\,(\cos 0^0 - \cos 15^0) + J_{30^0}\,(\cos 15^0 - \cos 45^0) + J_{60^0}\,(\cos 45^0 - \cos 75^0) + J_{82,5^0}\,(\cos 75^0 - \cos 90^0)$$

oder:

$$J_{\triangledown} = 2 \cdot \{0{,}017\,J_{0^0} + 0{,}1295\,(J_{30^0} + J_{82,5^0}) + 0{,}224\,J_{60^0}\}$$

Als Beispiel für die Anwendung dieses Näherungsverfahrens soll die mittlere sphärische und hemisphärische Lichtstärke für die in Fig. 3 und 4 eingezeichnete Lichtverteilungskurve berechnet werden. Gegeben ist:

J_{0^0}	= 400 Kerzen	J_{90^0}	= 400 Kerzen
J_{30^0}	= 745 „	J_{120^0}	= 55 „
J_{60^0}	= 745 „	J_{150^0}	= 0 „
$J_{82,5^0}$	= 505 „	J_{180^0}	= 0 „

Hieraus wird berechnet:

$$J_{\circ} = 0{,}017\,(400 + 0) + 0{,}1295\,(745 + 0) + 0{,}224\,(745 + 55) + 0{,}259 \cdot 400 = \underline{386 \text{ Kerzen.}}$$

$$J_{\triangledown} = 2\,\{0{,}017 \cdot 400 + 0{,}1295\,(745 + 505) + 0{,}224 \cdot 745\} = \underline{672 \text{ Kerzen.}}$$

Gegenüber den oben beschriebenen genaueren Verfahren, bei welchen

$$\underline{J_{\circ} = 390 \text{ Kerzen}} \quad \text{und} \quad \underline{J_{\triangledown} = 670 \text{ Kerzen}}$$

erhalten wurde, ergibt sich hier ein Fehler von — 1 % für die mittlere sphärische und von + 0,3 % für die mittlere hemisphärische Lichtstärke.

III.

Um die Zahl der erforderlichen Messungen noch weiter zu verringern und die Berechnung noch einfacher zu gestalten, hat der Verfasser ausgehend von dem eben beschriebenen Näherungsverfahren zwei Formeln aufgestellt, welche die mittlere sphärische und hemisphärische Lichtstärke aus nur 6, beziehungsweise 3 Messungen der Lichtstärke zu berechnen gestatten und leicht im Gedächtnis zu behalten sind. Auch bei ziemlich ungleichmäßiger Lichtverteilung ergeben diese Formeln noch bis auf 5 % genaue Werte.

Die Lichtstärke ist dabei unter den Winkeln von 30^0, 60^0 und 80^0 gegenüber der Vertikalaxe zu messen, wenn nur die mittlere hemisphärische Lichtstärke, und außerdem unter 100^0, 120^0 und 150^0 wenn auch die mittlere sphärische Lichtstärke ermittelt werden soll. Für die Berechnung gelten dann die folgenden Formeln:

$$J_{\circ} = \frac{1}{8}\left\{J_{30^0} + 2 \cdot J_{60^0} + J_{80^0} + J_{100^0} + 2 \cdot J_{120^0} + J_{150^0}\right\}$$

$$J_{\triangledown} = \frac{1}{4}\left\{J_{30^0} + 2 \cdot J_{60^0} + J_{80^0}\right\}$$

Auch hier soll als Beispiel wieder dieselbe Lichtverteilung wie oben gewählt werden. Gegeben ist:

$J_{30^0} = 745^0$ Kerzen	$J_{100^0} = 265$ Kerzen
$J_{60^0} = 745^0$ „	$J_{120^0} = 55$ „
$J_{80^0} = 535^0$ „	$J_{150^0} = 0$ „

Hieraus wird berechnet:

$$J_{\circ} = \frac{1}{8}(745 + 2 \cdot 745 + 535 + 265 + 2 \cdot 55 + 0) = \underline{\underline{393 \text{ Kerzen}}},$$

$$J_{\triangledown} = \frac{1}{4}(745 + 2 \cdot 745 + 535) = \underline{\underline{692 \text{ Kerzen}}}.$$

Bei Anwendung des vorstehenden Näherungsverfahrens ergeben sich hiernach für das gewählte Beispiel Fehler von + 0,8 %, beziehungsweise + 3,3 % gegenüber den genauen Werten der mittleren sphärischen und hemisphärischen Lichtstärke ($J_{\circ} = 390$ Kerzen, $J_{\triangledown} = 670$ Kerzen).

13. Übersicht über die Lichtstärke der gebräuchlichen Lichtquellen.

Die besonderen Eigenschaften der gebräuchlichen Lichtquellen sollen in diesem Buche nicht besprochen werden. Da jedoch für alle Beleuchtungs-Berechnungen die Lichtstärke und der Verbrauch der anzuwendenden Lichtquellen zugrunde gelegt werden muß, so erscheint es erforderlich, diesbezügliche Angaben für die hauptsächlich gebräuchlichen Lichtquellen hier einzuschalten. Dieselben sind in den Tabellen I, II und III (am Schluß des Buches S. 130 u. 131) enthalten. Zunächst ist daselbst der Bereich des normalen Verbrauchs angegeben, für welchen die einzelnen Lichtquellen im Allgemeinen hergestellt werden, und daneben stehen die Grenzzahlen für die normale Ökonomie, das heißt für den Verbrauch für eine Kerze. Die Lichtstärken der verschiedenen Lichtquellen werden nicht durchweg übereinstimmend angegeben, sondern man trifft sowohl die maximale, die horizontale, die mittlere horizontale und auch die mittlere hemisphärische Lichtstärke als gebräuchliche Angabe bei den verschiedenen Arten von Lichtquellen. Dementsprechend sind auch hier die angegebenen Grenzzahlen für die Ökonomie auf die bei den einzelnen Lampen gebräuchlichen Lichtstärken bezogen. Dagegen enthalten die nächsten 3 Spalten der Tabellen Mittelwerte der Ökonomie und zwar für alle Lichtquellen übereinstimmend auf die mittlere, horizontale, mittlere sphärische und mittlere hemisphärische Lichtstärke bezogen. Schließlich enthalten noch die drei letzten Spalten der Tabellen die aus den reziproken Werten der Ökonomie hervorgehenden Lichtausbeuten der verschiedenen Lampenarten angegeben als mittlere horizontale, sphärische und hemisphärische Lichtstärke für je 1000 Watt, 1000 Liter Gas pro Stunde oder 1 Liter flüssigen Brennstoff pro Stunde.

Sehr oft findet man auf Grund ähnlicher Tabellen für die Lichtstärke verschiedener Lichtquellen Kostenvergleiche der verschiedenen Beleuchtungsarten durchgeführt. Solche Kostenvergleiche geben jedoch nur dann ein wirklich zutreffendes Resultat, wenn es sich um Lampen von annähernd übereinstimmender Lichtstärke und Lichtverteilung handelt. So kann man zum Beispiel Kohlenfadenglühlampen mit Metallfadenglühlampen oder Gasglühlicht mit Petroleumglühlicht auf Grund der Ökonomie oder der Lichtausbeute zutreffend miteinander vergleichen, und dabei ist es gleichgültig, ob der Vergleich auf Grund der horizontalen, sphärischen oder hemisphärischen Lichtstärke durchgeführt wird. Will man dagegen ganz verschiedenartige Lichtquellen in dieser Weise miteinander vergleichen, zum Beispiel elektrische Glühlampen mit Bogenlampen oder Gasglühlicht mit Nernstlampen, so kommt man meist zu nicht einwandfreien und sehr oft zu ganz unzutreffenden Resultaten, gleichviel welche Lichtstärke zu dem Vergleich herangezogen wird.

Daß die horizontale Lichtstärke sich zu einem derartigen Vergleich nicht eignet, liegt auf der Hand. Aber auch die mittlere sphärische Lichtstärke gibt keinen richtigen Vergleich der Kosten der Beleuchtung bei verschiedenartigen Lichtquellen. Man erhält durch den Vergleich der mittleren sphärischen Lichtstärken verschiedenartiger Lichtquellen zwar ein Maß für den gesamten von den zu vergleichenden Lichtquellen ausgehenden Lichtstrom, jedoch hat ein derartiger Vergleich, wie schon oben S. 6 erwähnt, mehr theoretischen als praktischen Wert.

Der Wert der verschiedenartigen Lichtquellen für praktische Beleuchtungszwecke wird am besten durch deren mittlere hemisphärische Lichtstärke gekennzeichnet. Man muß aber dann denjenigen Wert der mittleren hemisphärischen Lichtstärke berücksichtigen, der im praktischen Gebrauch unter Anwendung der üblichen Glocken und Reflektoren sich ergibt; denn diese können die mittlere hemisphärische Lichtstärke der Lampen ganz beträchtlich beeinflussen. Wenn in den hier mitgeteilten Tabellen alle Werte der Lichtstärke, Ökonomie und Lichtausbeute trotzdem auf die nackten Lichtquellen ohne Glocke und Reflektor bezogen wurden, so geschah dies deshalb, weil die Beeinflussung der Lichtstärke durch Glocken und Reflektoren je nach Auswahl derselben so große Verschiedenheiten aufweist, daß sich für die damit armierten Lichtquellen einigermaßen sichere Mittelwerte der Lichtstärke nicht mehr angeben lassen. Dagegen soll im folgenden der Einfluß der Glocken und Reflektoren noch gesondert besprochen werden, weil dessen Kenntnis für Beleuchtungsberechnungen gleichfalls erforderlich ist.

14. Einfluß der Glocken und Reflektoren.

I. Glocken.

Sollen die Lichtquellen nur vor der Einwirkung von Luftzug, Feuchtigkeit, Staub und dergleichen geschützt werden; so genügt es, sie mit Klarglasglocken zu umgeben. Will man dagegen außerdem eine Verkleinerung der Flächenhelligkeit durch Zerstreuung der Lichtausstrahlung über eine größere leuchtende Fläche erzielen, so verwendet man Opal-, Opalin-, Alabaster-,

Mattglas- oder Milchglasglocken. (Näheres über diese verschiedenen Glockenarten siehe Monasch, Elektrische Beleuchtung: Seite 166.) Durch diese Glocken wird die Lichtverteilung, wenn sie annähernd gleichmäßig ist, nur wenig beeinflußt. Dagegen wird eine ungleichmäßige Lichtverteilung durch den Einfluß der Glocken mehr gleichmäßig gemacht. Besonders stark kann man die Art der Lichtverteilung mittels der von Prof. A. Blondel erfundenen Holophanglocken beeinflussen; diese gestatten, durch besonders konstruierten prismatischen Schliff fast jede beliebige Lichtverteilung zu erzielen und wirken außerdem noch stark lichtzerstreuend.

Durch Anwendung einer Glocke wird die Lichtstärke einer Lichtquelle stets verringert, weil ein Teil des Lichtes beim Durchgang durch die Glocke absorbiert wird. Dieser als Absorptionsverlust bezeichnete Teil wird in Prozenten des gesamten Lichtstroms oder der mittleren sphärischen Lichtstärke ohne Glocke ausgedrückt. Die Größe des Absorptionsverlustes richtet sich nach der Art der Glocke und des dafür verwendeten Glases und kann sehr verschieden ausfallen. Es lassen sich hierfür folgende auf die mittlere sphärische Lichtstärke bezogene Grenzwerte angeben:

Klarglasglocken:	3—10 %	Absorptionsverlust
Holophanglocken:	5—15 %	,, ,,
Opal- und Opalinglocken:	10—20 %	,, ,,
Mattglasglocken:	15—30 %	,, ,,
Alabasterglocken:	20—40 %	,, ,,
Milchglasglocken:	30—50 %	,, ,,

Häufig findet man, besonders bei elektrischen Bogenlampen, die Glockenverluste auf die mittlere hemisphärische Lichtstärke bezogen. Man hat es jedoch hierbei nicht mehr mit reinen Absorptionsverlusten zu tun. Denn bei elektrischen Bogenlampen ohne Glocke gelangt der größte Teil des gesamten Lichtstromes nach der unteren Hemisphäre. Brennen diese Lampen mit einer lichtzerstreuenden Glocke, so wird durch diese die Lichtverteilung gleichmäßiger gemacht, und es gelangt mit Glocke ein verhältnismäßig größerer Teil des gesamten Lichtstromes nach der oberen Hemisphäre als ohne Glocke. Infolgedessen ist bei diesen Lampen der auf die hemisphärische Lichtstärke bezogene (scheinbare) Absorptionsverlust immer größer als der wirkliche, auf die mittlere sphärische Lichtstärke bezogene, und zwar beträgt diese Vergrößerung im allgemeinen rund 50 %. Die oben angegebenen Absorptionsverluste sind daher mit 1,5 zu multiplizieren, um für elektrische Bogenlampen die auf die mittlere hemisphärische Lichtstärke bezogenen Glockenverluste annähernd zu erhalten.

II. Reflektoren.

Im Gegensatz zu den Glocken haben die Reflektoren in erster Reihe den Zweck, die Lichtverteilung zu beeinflussen und das Licht dahin gelangen zu lassen, wo es gebraucht wird, also zumeist nach der unteren Hemisphäre. Die Reflektoren bewirken hiernach einerseits eine Vergrößerung der mittleren hemisphärischen Lichtstärke durch die Reflexion, andrerseits aber auch, ebenso wie die Glocken, eine Verkleinerung der mittleren sphärischen Lichtstärke durch die Absorption eines Teils des auf sie auftreffenden Lichtes. Die Wirkung des Reflektors hängt zum großen Teil von seiner Konstruktion, dann aber auch davon ab, wie viel Licht vom Reflektor überhaupt nach der unteren Hemisphäre geworfen werden kann, das ohne Reflektor nach der oberen Hemisphäre gelangen würde. Bei solchen Lampen, die ohnehin schon das meiste Licht nach der unteren Hemisphäre aussenden, also zum Beispiel bei Gleichstrombogenlampen, können die Reflektoren keine große Wirkung mehr ausüben. Wenn dagegen, wie bei elektrischen Glühlampen und bei stehendem Gasglühlicht, ohne Reflektor ein großer Teil des Lichtes nach der oberen Hemisphäre gelangt, so kann durch Anwendung geeigneter Reflektoren eine wesentliche Erhöhung der mittleren unteren hemisphärischen Lichtstärke erzielt werden. Gehen ohne Reflektor etwa 40 bis 55 % des gesamten Lichtstromes nach der unteren Hemisphäre, so kann dieser Prozentsatz durch Anwendung eines Reflektors auf 60 bis 80 % erhöht werden. Wählt man sehr stark nach unten wirkende Reflektoren, besonders solche, die nach oben überhaupt kein Licht mehr durchlassen, so gelangen 80 bis 100 % des gesamten Lichtstromes nach der unteren Hemisphäre.

Der Absorptionsverlust der Reflektoren ist sehr verschieden je nach der Konstruktion und dem Material der reflektierenden Flächen. Derselbe beträgt im allgemeinen etwa

5 bis 25 % der mittleren sphärischen Lichtstärke ohne Reflektor. Undurchsichtige Reflektoren und solche mit schlecht reflektierenden Oberflächen können Absorptionsverluste bis zu 40 % der mittleren sphärischen Lichtstärke erreichen.

Wenn bei einer Lichtquelle mit Reflektor p % des gesamten Lichtstromes nach der unteren Hemisphäre gelangen, so erhält man auf Grund der oben (Seite 7) gegebenen Erklärung die mittlere hemisphärische Lichtstärke ($J'_{\triangledown}$) aus der mittleren sphärischen Lichtstärke mit Reflektor ($J'_{\circ}$) als:

$$J'_{\triangledown} = \frac{2p}{100} \cdot J'_{\circ}$$

Hat der Reflektor einen auf die mittlere sphärische Lichtstärke ohne Reflektor ($J_{\circ}$) bezogenen Absorptionsverlust von a %, so wird hieraus die mittlere hemisphärische Lichtstärke mit Reflektor ($J'_{\triangledown}$) in folgender Weise erhalten:

$$J'_{\triangledown} = \frac{2p}{100} \cdot \frac{100 - a}{100} \cdot J_{\circ}$$

Ein Beispiel für diese Berechnung findet sich weiter unten (Seite 58). Aus einem weiteren Beispiel (Seite 66) geht auch der große Einfluß hervor, den die Wahl eines wirksamen Reflektors auf die erzielte Beleuchtung ausüben kann.

Sehr häufig findet man Reflektoren angewendet, die ihren Zweck nur in unvollkommener Weise erfüllen. So hat beispielsweise der für Straßenbeleuchtung mit stehendem Gasglühlicht besonders oft gebräuchliche, oben in der Laterne angebrachte Blechreflektor nach Messungen von Prof. Drehschmidt (Journal für Gasbeleuchtung: 1906, Seite 767) nur eine sehr geringe Wirkung; er vergrößert die mittlere hemisphärische Lichtstärke nur um 6,5 %, trotzdem ohne Reflektor ca. 55 % des gesamten Lichtstromes nach der oberen Hemisphäre gelangen. Siehe hierzu auch Prof. W. Wedding: Journal für Gasbeleuchtung, 1904, Seite 563.

III. Abschnitt.

Die Beurteilung der Beleuchtung.

Der Vergleich verschiedener Beleuchtungsarten kann auf Grund der Lichtstärken der angewandten Lichtquellen nur unvollkommen durchgeführt werden, weil die tatsächlich erzielte Beleuchtung nicht nur von der Lichtstärke, sondern auch von der Lichtverteilung und der Anordnung der Lichtquellen in hohem Maße abhängig ist. Ein wirklich zutreffender Vergleich ist nur auf Grund der erzielten Beleuchtung selbst zu ermöglichen, und es ist deshalb sehr wichtig, die Beleuchtung einfach und einwandfrei beurteilen, vorausberechnen und nachmessen zu können. In diesem Abschnitt sollen zunächst die für die Beurteilung der Beleuchtung maßgebenden Grundsätze besprochen werden.

15. Grundlagen für die Beurteilung der Straßenbeleuchtung.

Mit der Frage, wie die Straßenbeleuchtung richtig zu beurteilen sei, beschäftigt man sich schon seit Jahren in der Fachliteratur, ohne daß es bisher gelungen ist, zu einer Einheitlichkeit auf diesem Gebiete zu gelangen. In einem Aufsatze „L'éclairage public par les lampes à arc" (Le Génie Civil 1894/95, Band XXVI, Seite 279) hat Prof. A. Blondel als Ergebnis eingehender Ausführungen fünf für die Beurteilung der Straßenbeleuchtung hauptsächlich maßgebende Gesichtspunkte aufgestellt. Inzwischen sind auch von verschiedenen anderen Seiten mannigfache Vorschläge auf diesem Gebiete gemacht worden. In der Hauptsache handelt es sich darum, eine einwandfreie Beurteilung durch eine tunlichst geringe Anzahl von Größen zu ermöglichen und diese Größen so zu wählen, daß sie in möglichst einfacher Weise vorausberechnet und nachgemessen werden können.

Für die Beurteilung der Straßenbeleuchtung kommt die erzielte Horizontalbeleuchtung und Vertikalbeleuchtung in Betracht. Unter Horizontalbeleuchtung versteht man die Beleuchtung einer Horizontalebene, unter Vertikalbeleuchtung diejenige einer Vertikalebene. Will man eine Straßenbeleuchtung daraufhin untersuchen, ob man bei derselben auf dem Boden liegende Gegenstände mit genügender Sicherheit erkennen oder an bestimmten Stellen einen Brief, Stadtplan und dergleichen noch lesen kann, so kommt es auf eine ausreichende Horizontalbeleuchtung an. Für das Erkennen der Gesichter entgegenkommender Personen, der Schilder von Straßenbahnwagen u. a. ist dagegen die Vertikalbeleuchtung maßgebend. Beide Gesichtspunkte haben wohl gleiche Berechtigung, und es frägt sich daher, ob noch andere Gründe für die Wahl des einen oder anderen Beurteilungsmaßstabes sprechen, und ob man sich nicht auch mit einem von beiden begnügen kann; denn es wäre recht umständlich, wenn man stets beide Größen der Beleuchtung berechnen und messen müßte.

Hier spricht nun in erster Linie entscheidend zugunsten der Horizontalbeleuchtung, daß sie an jeder Stelle der Straßenfläche nur einen eindeutigen Wert darstellt. Wählt man einen beliebigen Punkt der Straßenfläche, so kommt diesem ein ganz bestimmter Wert der Horizontalbeleuchtung zu. Will man dagegen die Vertikalbeleuchtung an diesem Punkte erhalten, so kommt es immer auf die Stellung der Vertikalebene an, deren Beleuchtung bestimmt werden soll. Je nachdem die Vertikalebene so aufgestellt gedacht ist, daß sie nach der nächst benachbarten Laterne zu sieht oder nach irgend einer anderen, zum Beispiel der entgegengesetzten Seite, kann die Vertikalbeleuchtung die verschiedensten Werte annehmen. So kann das Gesicht einer Person zwar sehr hell beleuchtet sein, wenn dieselbe gerade nach der nächststehenden Laterne hinsieht; dreht dieselbe Person dagegen dieser Laterne den Rücken zu, ohne sich von der Stelle zu bewegen, so kann ihr Gesicht unter Umständen fast gar nicht mehr beleuchtet sein, wenn die anderen Laternen ziemlich weit entfernt sind. Die Vertikalbeleuchtung kann deshalb an ein- und derselben Stelle einer Straße oft größere Verschiedenheiten aufweisen als die Horizontalbeleuchtung auf der ganzen Straßenfläche überhaupt, ohne daß darum eine derartige Beleuchtung als unbrauchbar oder auch nur als mangelhaft zu bezeichnen wäre.

Um die Vertikalbeleuchtung einer Straße richtig beurteilen zu können, müßte man daher an den einzelnen Punkten der Straßenfläche die Beleuchtung der Vertikalebene in verschiedenen Stellungen berücksichtigen, zum Beispiel in vier um 90° gegeneinander versetzten, wobei man die vierfache Zahl von Werten erhalten würde wie bei der Horizontalbeleuchtung. Natürlich ist es sehr umständlich, so viele Werte berechnen oder messen zu müssen, und dabei wird durch derart viele Einzelwerte die Beurteilung nicht erleichtert, sondern erschwert.

Man wird daher für die Beurteilung der Straßenbeleuchtung dem eindeutigen Wert der Horizontalbeleuchtung den Vorzug geben, wenn bei ausreichender Horizontalbeleuchtung auch den an die Vertikalbeleuchtung zu stellenden Anforderungen genügt wird. Dies ist auch tatsächlich an allen den Stellen der Fall, wo es überhaupt möglich ist. An denjenigen Stellen, wo eine Vertikalebene von keiner Lichtquelle mehr beleuchtet wird, zum Beispiel bei Platzbeleuchtungen, wenn die Vertikalebene den in der Mitte des Platzes befindlichen Lichtquellen abgekehrt ist, wird man natürlich keine Anforderungen an eine bestimmte Größe der Vertikalbeleuchtung mehr stellen können, wenn daselbst die Horizontalbeleuchtung auch noch so groß gewählt wird.

Eine Einigung über die hier besprochene Frage der Horizontal- oder Vertikalbeleuchtung ist bisher noch nicht erzielt worden. Insbesondere halten die Gasfachmänner hauptsächlich an der Beurteilung auf Grund der Vertikalbeleuchtung fest. (Vergleiche hierzu die Erörterungen zwischen Drehschmidt und dem Verfasser, Krüss und Uppenborn im Journal für Gasbeleuchtung, Jahrgang 1906.) Im folgenden soll aus den eben angegebenen Gründen in erster Linie die Horizontalbeleuchtung berücksichtigt, jedoch da, wo es erforderlich erscheint, auch auf die Vertikalbeleuchtung hingewiesen werden.

Es fragt sich nun noch, ob man die Horizontalbeleuchtung am Boden selbst oder in einer bestimmten Höhe über dem Erdboden berechnen und messen soll. Für das deutliche Erkennen am Boden liegender Gegenstände kommt die erstere in Betracht, während für das Lesen u. dgl. die Horizontalbeleuchtung in etwa 1,5 m Höhe über dem Erdboden maßgebend ist. Die Messung der Beleuchtung ist in letzterer Höhe bedeutend leichter auszuführen als unmittelbar am Boden selbst. Man beurteilt daher eine Straßenbeleuchtung am zweckmäßigsten auf Grund der Horizontalbeleuchtung in 1,5 m Höhe über dem Erdboden.

16. Grundlagen für die Beurteilung der Innenbeleuchtung.

Für Innenräume ist vor allem die Beleuchtung der Tische und Arbeitsplätze maßgebend. Hier kommen fast ausschließlich horizontale Flächen in Frage, und daher ist die Horizontalbeleuchtung auch für Inneuräume der gegebene Beurteilungsmaßstab. In Ausnahmefällen kann es sich allerdings bei der Beleuchtung von Innenräumen gerade um die Vertikalbeleuchtung handeln, zum Beispiel in Kunstausstellungssälen für die Beleuchtung der Wände oder in Zeichensälen mit vertikal stehenden Reißbrettern.

Da es in Innenräumen im allgemeinen auf die Beleuchtung der Tischflächen ankommt, so wählt man hier die Höhe der Horizontalebene für die Berechnung und Messung der Beleuchtung im allgemeinen zu etwa 0,8 bis 1 m über dem Boden.

17. Die mittlere Horizontalbeleuchtung.

Bei jeder Beleuchtung ist die Helligkeit ungleichmäßig über die beleuchtete Fläche verteilt, die Horizontalbeleuchtung schwankt an den verschiedenen Stellen zwischen einem kleinsten und einem größten Werte. Jedoch geben beide keinen richtigen Begriff von der Güte der Beleuchtung. Würde man sich nur nach dem größten Wert richten, so könnte man diesen durch sehr geringe Aufhängehöhe der Lampen sehr groß werden lassen, während die Beleuchtung im übrigen doch ganz unzureichend sein kann. Andrerseits kann der kleinste Wert einer Beleuchtung durch Zufälligkeiten, zum Beispiel infolge von Beschattung der Lampen durch Bäume u. a. außergewöhnlich geschwächt und die Beleuchtung sonst doch ganz gut sein.

Zudem sind bei den meisten Straßenbeleuchtungen die kleinsten Werte der Horizontalbeleuchtung so gering, daß sie keinen passenden Vergleichsmaßstab mehr abgeben und auch mit den meisten gebräuchlichen Photometern nicht mehr genau gemessen werden können.

Einen wirklich brauchbaren Maßstab für die Beurteilung einer Beleuchtung gibt dagegen die mittlere Horizontalbeleuchtung (E_m). Exakt ausgedrückt stellt dieselbe sich dar als

$$E_m = \frac{1}{F} \int E\,dF = \frac{\Phi}{F}.$$

Hierin bedeutet E die Horizontalbeleuchtung an den einzelnen Stellen der beleuchteten Fläche und F die Größe der beleuchteten Fläche. Der Integralwert entspricht dem gesamten nach der Fläche F gelangenden Lichtstrom Φ. Vergleiche hierzu die auf Seite 3 gegebene Ableitung des Begriffes der Beleuchtung aus dem des Lichtstromes.

Angenähert kann die mittlere Horizontalbeleuchtung erhalten werden als:

$$E_m = \frac{\Sigma (E \cdot f)}{\Sigma f}.$$

Hierin bedeutet f den Flächeninhalt eines kleinen Flächenstückes und E die Horizontalbeleuchtung im Mittelpunkt desselben. Werden alle diese kleinen Flächenstücke gleich groß gemacht und der Flächeninhalt derselben als Flächeneinheit betrachtet, und ist die Fläche F in z solche kleine Flächenstücke eingeteilt, so wird:

$$E_m = \frac{\Sigma (E \cdot f)}{z \cdot f} = \frac{\Sigma E}{z}.$$

Eine derartige angenäherte Integration gibt die Möglichkeit, die mittlere Horizontalbeleuchtung aus einer Anzahl von berechneten oder gemessenen Einzelwerten der Horizontalbeleuchtung zu ermitteln, da eine unmittelbare Messung der mittleren Horizontalbeleuchtung nicht möglich ist. Auch sollen weiter unten Näherungsverfahren sowohl für die Berechnung wie auch für die Messung der mittleren Horizontalbeleuchtung angegeben werden, so daß die Ermittelung dieser für die Beurteilung der Beleuchtung vorzüglich geeigneten Größe sich in jedem Falle sehr einfach gestalten läßt.

18. Die Gleichmäßigkeit der Beleuchtung.

Für die Beurteilung der Gleichmäßigkeit der Beleuchtung ist das Verhältnis des Maximalwerts zum Minimalwert der Horizontalbeleuchtung maßgebend. Je größer der Wert ist, den dieses Verhältnis annimmt, desto ungleichmäßiger ist die zu beurteilende Beleuchtung. Noch besser läßt sich die Gleichmäßigkeit der Beleuchtung beurteilen, wenn man das Verhältnis des Maximalwertes und des Minimalwertes der Horizontalbeleuchtung zur mittleren Horizontalbeleuchtung ausrechnet. Diese beiden Werte kommen dem Wert 1 um so näher, je gleichmäßiger die Beleuchtung ist. Besonders ist hier darauf zu achten, daß das Verhältnis der minimalen zur mittleren Horizontalbeleuchtung nicht einen zu kleinen Wert annimmt, weil sonst die Beleuchtung immer dunkle Punkte aufweisen wird. Dagegen braucht das Verhältnis der maximalen zur mittleren Horizontalbeleuchtung dem Wert 1 nicht so nahe zu kommen. Unter Umständen können sogar einige besonders helle Stellen bei einer Beleuchtung erwünscht sein, wenn dieselbe im übrigen nicht gerade reichlich bemessen ist; man kann dann wenigstens an solchen Stellen etwas lesen oder sonst deutlich sehen.

19. Die Ruhe des Lichtes.

Während die Anforderungen an die Gleichmäßigkeit die Grenze der örtlichen Verschiedenheiten der Beleuchtung festlegen, sind die zeitlichen Verschiedenheiten der Beleuchtung durch die Ansprüche an die Ruhe des Lichtes bestimmt. Diese sehr verschieden hohen Ansprüche richten sich natürlich insbesondere nach dem Verwendungszwecke. Allgemein können für Straßenbeleuchtung an die Ruhe des Lichtes geringere Anforderungen gestellt werden als für Innenbeleuchtung, da auf der Straße die Lichtschwankungen sich nicht so störend bemerkbar machen. Bei der Beurteilung der Ruhe des Lichtes genügt fast immer die einfache Beurteilung nach dem Augenschein. Nur selten wird es erforderlich sein, sich durch die Verschiedenheiten der Einzelwerte in einer Reihe von Lichtmessungen, die in bestimmten, kurzen Zeiträumen periodisch aufgenommen werden, ein mehr objektives Urteil über die Ruhe des Lichtes zu bilden.

20. Die Färbung des Lichtes.

Auch die Färbung des Lichtes spielt bei der Beurteilung der Beleuchtung eine Rolle. Die günstigste Färbung ist die dem Tageslicht am nächsten kommende, bei welcher keine bestimmte Farbe besonders auffällt. Die Beleuchtung durch das gewöhnliche elektrische Bogenlicht kommt dieser Färbung am nächsten, während bei den meisten anderen Lichtquellen eine bestimmte Farbe mehr oder weniger hervortritt. So hielt man bei der Beleuchtung durch Gasglühlicht die etwas grünliche Färbung des Lichtes lange Zeit für störend, hat sich aber allmählich doch vollständig daran gewöhnt. Andrerseits nimmt man heute noch manchmal Anstoß an der gelblichen oder rötlichen Farbe des Lichtes der Intensiv-Flammen-Bogenlampen, sofern für dieselben nicht besondere Spezialkohlen verwendet werden, die fast weißes Licht zu erzeugen gestatten. Auch hier dürfte das Ungewohnte einer derartigen Beleuchtung hauptsächlich die unangenehme Empfindung hervorrufen.

Besonders stark tritt die ungewohnte Färbung des Lichtes bei den neuerdings in Aufnahme kommenden Quecksilberdampf-Lampen hervor. Das Licht dieser Lampen enthält fast gar keine roten Strahlen und läßt deswegen alle von ihm beleuchteten roten Farbentöne stark verändert erscheinen, was besonders beim Betrachten der menschlichen Hautfarbe einen ungewöhnlichen Eindruck hervorruft. Ein derartiges Licht ist natürlich da unbrauchbar, wo in erster Reihe ästhetische Gesichtspunkte maßgebend sind. Dagegen kann doch für viele andere Fälle seine Verwendung in Frage kommen, sobald die ungewöhnliche Farbe des Lichtes keine störenden Wirkungen ausübt.

In manchen Fällen wird gerade eine bestimmte Lichtfärbung bevorzugt. So ist für Festsäle und viele Verkaufsräume der warme, etwas rötliche Ton des elektrischen Glühlichtes besonders beliebt. Für die Auslagen von Fleisch- und Wurstwarenläden wählt man sogar oft mit Vorliebe die Flammen-

Bogenlampen mit einer Sorte von imprägnierten Kohlen, die intensiv rotes Licht geben, weil bei dieser Beleuchtung die ausgestellten Waren ein besonders frisches Aussehen erhalten.

21. Die Wirtschaftlichkeit der Beleuchtung.

Für den Vergleich verschiedener Beleuchtungsarten ist der Begriff der Wirtschaftlichkeit der Beleuchtung von besonderer Bedeutung. Derselbe kennzeichnet das Verhältnis des Energieaufwandes oder der dafür erforderlichen Kosten zu der damit erzielten Beleuchtung. Mit Hilfe des oben (Seite 31) abgeleiteten Begriffes der mittleren Horizontalbeleuchtung läßt sich eine Größe aufstellen, die den Vergleich verschiedenartiger Beleuchtungen mit Rücksicht auf ihre Wirtschaftlichkeit in einfacher Weise durchzuführen gestattet. Es ist der Verbrauch (in Watt oder Kubikmeter Gas pro Stunde oder Liter flüssigem Brennstoff pro Stunde) für je eine Flächeneinheit (1 m^2) der beleuchteten Fläche und für je 1 Lux mittlere Horizontalbeleuchtung. Diese kurz als „Wirtschaftlichkeit der Beleuchtung" bezeichnete Größe gibt, wenn für sie Erfahrungszahlen bekannt sind, auch ein einfaches Mittel zu überschläglichen Beleuchtungsberechnungen an die Hand, wie weiter unten (Seite 78) näher ausgeführt werden soll.

IV. Abschnitt.

Die Berechnung der Beleuchtung.

22. Normal-, Horizontal- und Vertikalbeleuchtung.

Eine Lampe besitze die in Fig. 5 eingezeichnete Lichtverteilung in der unteren Hemisphäre. Die Lampe sei im Punkte O in h Meter Höhe über einer Horizontalebene angebracht, die im Punkte H von der Vertikalachse der Lampe geschnitten wird. Der Punkt H wird meist als Lampenfußpunkt bezeichnet. Für den Punkt P, der a Meter vom Lampenfußpunkt und r Meter von der Lampe selbst entfernt ist, soll die Normal-, Horizontal- und Vertikalbeleuchtung berechnet werden.

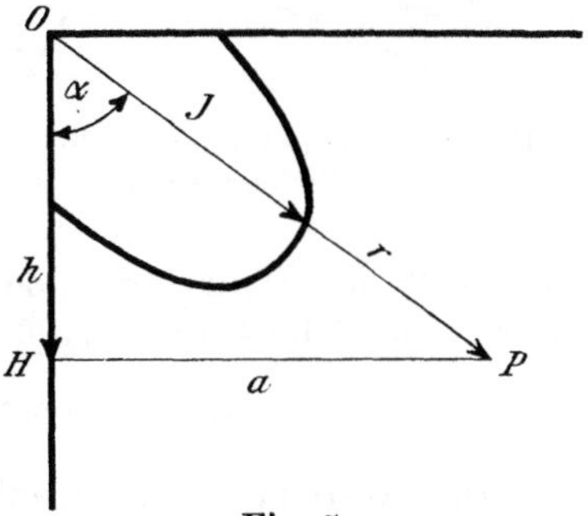

Fig. 5.

Die dem Punkte P entsprechende Lichtstärke J ergibt sich aus der Lichtverteilungskurve in Fig. 5 auf der Geraden OP unter dem Winkel α gegenüber der Vertikalachse. Die Normalbeleuchtung (E_N) im Punkte P, das heißt die Beleuchtung einer auf der Richtung des Lichtstrahles OP im Punkte P senkrecht stehenden Ebene ergibt sich nach Seite 4 als

$$E_N = \frac{J}{r^2} = \frac{J}{a^2 + h^2}.$$

Die Horizontalbeleuchtung (E_H) für den Punkt P ergibt sich aus der Normalbeleuchtung nach Seite 4 durch Multiplikation mit dem Cosinus des Winkels, den die Horizontalebene mit der Normalebene bildet. Dieser Winkel ist gleich dem Winkel α, den die Normalen dieser beiden Ebenen miteinander bilden. Hiernach wird:

$$\boldsymbol{E_H = E_N \cdot \cos\alpha = \frac{J \cdot \cos\alpha}{r^2} = \frac{J \cdot h}{r^3} = \frac{J \cdot h}{\sqrt{(a^2+h^2)^3}} = \frac{J \cdot \cos^3\alpha}{h^2}}.$$

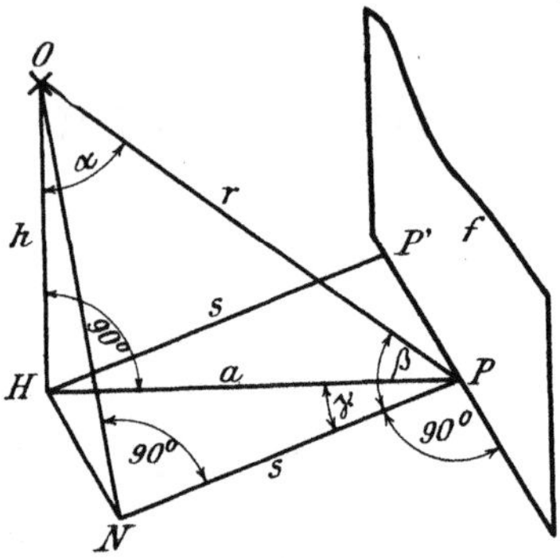

Fig. 6. Zur Berechnung der Vertikalbeleuchtung.

Die Vertikalbeleuchtung im Punkte P kann verschiedene Werte annehmen, je nach dem Winkel, den die auf der Horizontalebene senkrecht stehende Vertikalebene mit der Normalebene des Punktes P bildet. Soll die Vertikalbeleuchtung (E_V) im Punkte P für die Ebene f (Fig. 6) berechnet werden, wenn die Normale PN der Ebene f mit der Richtung des Lichtstrahls OP den Winkel β und mit der Richtung HP den Winkel γ bildet, so ergibt sich dieselbe auf Grund von Seite 4 und Fig. 6 als:

$$E_V = E_N \cdot \cos\beta = \frac{J}{r^2} \cdot \cos\beta.$$

Der Abstand des Lampenfußpunktes H von der Vertikalebene f ist:

$$s = r \cdot \cos\beta = r \cdot \sin\alpha \cdot \cos\gamma = a \cdot \cos\gamma.$$

Hiernach wird auch:

$$E_V = \frac{J}{r^2} \cdot \sin\alpha \cdot \cos\gamma = \frac{J \cdot s}{r^3} = \frac{J \cdot a \cdot \cos\gamma}{\sqrt{a^2+h^2}^3}.$$

Für den speziellen, meist betrachteten Fall, in dem die Vertikalebene auf der Richtung HP senkrecht steht, wird $\gamma = 0$, also $\cos\gamma = 1$ und $s = a$ und $\beta = 90^0 - \alpha$. Man erhält dann den Maximalwert der Vertikalbeleuchtung im Punkte P als:

$$\boldsymbol{E_V = E_N \cdot \cos(90^0 - \alpha) = E_N \cdot \sin\alpha = \frac{J \cdot \sin\alpha}{r^2} = \frac{J \cdot a}{r^3} =}$$

$$\boldsymbol{= \frac{J \cdot a}{\sqrt{a^2+h^2}^3} = \frac{J \cdot \sin\alpha \cdot \cos^2\alpha}{h^2}}.$$

Nach welcher von den hier angegebenen Formeln die Horizontal- und Vertikalbeleuchtung am einfachsten zu berechnen ist, richtet sich nach den zur Berechnung gegebenen Größen. In den meisten Fällen ist die Aufhängehöhe (h) der Lampen über der Horizontalebene und der Abstand (a) vom Lampenfußpunkte gegeben; die Rechnung wird dann zweckmäßig nach den als vorletzte angegebenen Formeln für E_H und E_V ausgeführt. Ist dagegen bei gegebener Aufhängehöhe die Beleuchtung für ver-

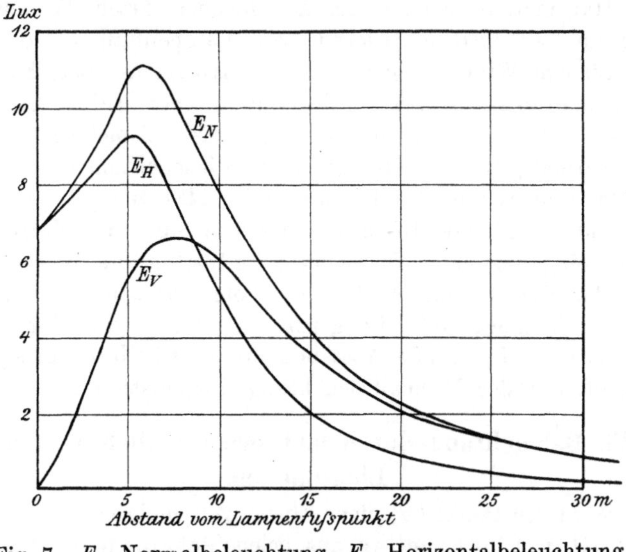

Fig. 7. E_N Normalbeleuchtung, E_H Horizontalbeleuchtung, E_V Vertikalbeleuchtung.

schiedene Winkel α gegenüber der Vertikalachse zu berechnen, so wählt man hierfür am besten die zuletzt angegebenen Formeln.

Die Ausrechnung der Werte der Horizontal- und Vertikalbeleuchtung wird durch Benützung von Tabellen der hierfür erforderlichen Zahlenwerte erleichtert. Derartige Tabellen sind zu finden bei Uppenborn, Deutscher Kalender für Elektrotechniker, Jahrgang 1907, Teil I, Seite 303; Monasch, Elektrische Beleuchtung, Tafel I; Högner, Lichtstrahlung und Beleuchtung (8. Heft der „Elektrotechnik in Einzeldarstellungen“, herausgegeben von G. Benischke, Braunschweig, 1906), Tabelle IV—VIII (Seite 28).

In Uppenborns Kalender ist auch (Jahrgang 1907, Teil I, Seite 304) ein graphisches Verfahren zur Konstruktion der Horizontalbeleuchtung gegeben; man kommt jedoch auf rechnerischem Wege mit Benützung des Rechenschiebers rascher und einfacher zum Ziele. Ein Verfahren, das die Werte der Beleuchtung rein rechnerisch ohne Zuhilfenahme einer Zeichnung der Lichtverteilungskurve zu erhalten gestattet, ist weiter unten (Seite 55) näher beschrieben,

Hat man nach einer der angegebenen Arten die Beleuchtung für verschiedene Abstände vom Lampenfußpunkt oder für verschiedene Winkel gegenüber der Vertikalachse berechnet, so kann man diese Werte zur Zeichnung einer Beleuchtungskurve benützen. So sind in Fig. 7 als Beispiel die Kurven der Normal-, Horizontal- und Vertikalbeleuchtung für die in Fig. 20 (am Schluß des Buches, Seite 148) angegebene Lichtverteilung und eine Höhe h von 8,5 m über der Horizontalebene eingezeichnet. Die Kurven enthalten die Beleuchtung in Abhängigkeit vom Abstande a vom Lampenfußpunkt und lassen erkennen, daß für geringe Abstände die Horizontalbeleuchtung, für große Abstände die Vertikalbeleuchtung annähernd mit der Normalbeleuchtung übereinstimmt.

23. Beleuchtung durch mehrere räumlich verteilte Lichtquellen.

Wird ein Punkt (P) einer Ebene von mehreren räumlich verteilten Lichtquellen aus beleuchtet, die in den Punkten L_I, L_{II} und L_{III} (Fig. 8) in h Meter Höhe über der Ebene angebracht seien, so kann man den Begriff der Normalbeleuchtung im Punkte P nicht mehr anwenden, weil es keine Ebene gibt, die auf den Richtungen von allen drei Lichtstrahlen, die nach P gelangen, senkrecht stehen kann. Dagegen bleibt der Begriff der Horizontalbeleuchtung auch bei einer beliebig großen Zahl von räumlich verteilten Lichtquellen bestehen. Die Horizontalbeleuchtung im Punkte P ist nämlich in diesem Falle gleich der Summe der einzelnen von

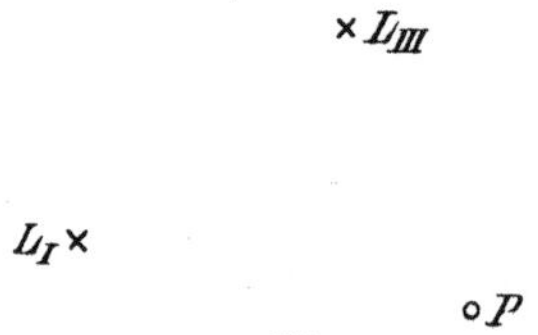

Fig. 8.

den verschiedenen Lichtquellen herrührenden Horizontalbeleuchtungen, da dieselben sich alle auf dieselbe Horizontalebene beziehen. Die einzelnen Horizontalbeleuchtungen können in derselben Weise aus den Lichtstärken und Abständen berechnet werden, wie es oben (Seite 36) angegeben wurde.

Die Vertikalbeleuchtung im Punkte P hängt auch hier wieder von der Stellung der Vertikalebene ab. Dabei kommen für die Vertikalbeleuchtung nur diejenigen von den

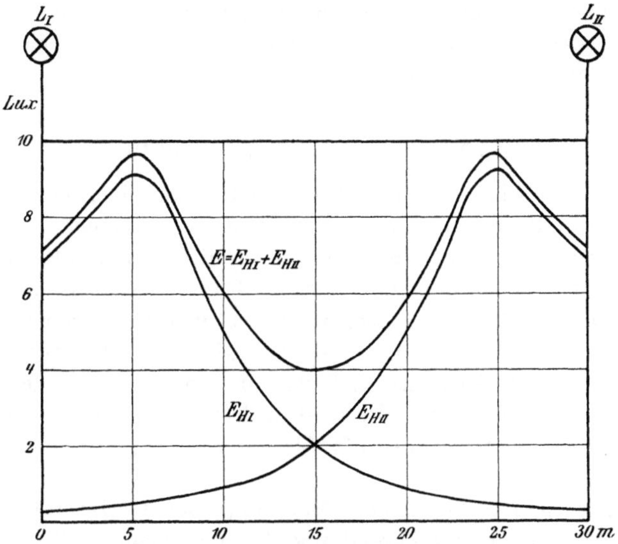

Fig. 9. Verlauf der Horizontalbeleuchtung zwischen zwei Lichtquellen.

vorhandenen Lichtquellen in Betracht, die nach der zu beleuchtenden Seite der Vertikalebene auch wirklich Licht senden können. Die von den einzelnen Lichtquellen herrührenden Vertikalbeleuchtungen werden wie oben angegeben berechnet und dann die in Betracht kommenden Einzelwerte addiert, um die resultierende Vertikalbeleuchtung für die gewählte Richtung der Vertikalebene im Punkte P zu erhalten.

Bei der Beleuchtung durch mehrere verteilte Lichtquellen tritt besonders häufig der Fall auf, daß die resultierende Horizontalbeleuchtung auf der Verbindungslinie zweier Lichtquellen zu berechnen ist. Man erhält dieselbe, wenn man die Kurven der von jeder einzelnen Lichtquelle herrührenden Horizontalbeleuchtung entsprechend übereinanderlagert. Es möge zum Beispiel für die einzelne Lichtquelle die in Fig. 7 (Seite 37) enthaltene Kurve der Horizontalbeleuchtung gelten, und die beiden Lichtquellen L_I und L_{II} seien 30 m voneinander ententfernt. Die Kurven der Horizontalbeleuchtung durch die einzelne Lichtquelle sind dann so übereinanderzulagern, wie es in Fig. 9 geschehen ist. Die Summe (E) der Einzelordinaten E_{HI} und E_{HII} gibt dann jeweils die Ordinatenwerte für die Kurve der resultierenden Horizontalbeleuchtung, die gleichfalls in Fig. 9 eingetragen ist.

24. Mittlere Streckenbeleuchtung.

Häufig wird für die Kurve der Horizontalbeleuchtung auf der Verbindungslinie zweier Lampen durch Planimetrieren oder anderweitig die mittlere Ordinate ermittelt und als mittlere Horizontalbeleuchtung bezeichnet. Dieser Wert gilt natürlich nur für die Strecke zwischen den beiden Lampen und nicht für die seitwärts davon befindlichen Flächen. Högner (Lichtstrahlung und Beleuchtung, Seite 59) wendet hierfür den Ausdruck „mittlere Streckenbeleuchtung“ an und empfiehlt den Gebrauch dieses Begriffs für schmale Straßen und Bahnlinien.

Ein derart abgeleiteter Mittelwert der Horizontalbeleuchtung ist jedoch irreführend und für eine richtige Beurteilung der Beleuchtung nicht geeignet. Es werden nämlich hierbei die der Lampe zunächst benachbarten Teile der Bodenfläche in viel höherem Maße berücksichtigt, als ihnen nach ihrem Flächeninhalt zukommt. Erzielt man nun durch geringe Aufhängehöhe hohe Werte der Horizontalbeleuchtung in nächster Nähe der Lampen, so kommt dies in der mittleren Streckenbeleuchtung in viel höherem Maße zum Ausdruck, als es der tatsächlichen Verstärkung der gesamten Beleuchtung entspricht. Man sollte daher den Gebrauch derartiger unzutreffender Werte für die mittlere Beleuchtung vermeiden und sich nur an den richtigen Begriff der mittleren Horizontalbeleuchtung halten, wie er oben (Seite 31) abgeleitet wurde.

25. Die Berechnung der mittleren Horizontalbeleuchtung.

Eine vollständig exakte Berechnung der mittleren Horizontalbeleuchtung einer durch mehrere Lichtquellen beleuchteten Fläche ist sehr umständlich und zeitraubend. Man hat zu diesem Zwecke für eine größere Zahl von Punkten der Fläche die Horizontalbeleuchtung in der oben (Seite 36 u. 38) angegebenen Weise zu berechnen. Alsdann verbindet man die Punkte gleicher Beleuchtung durch Kurven, die „Isolux-Kurven" genannt werden, und erhält so ein Bild der Beleuchtungsverteilung. Den Flächeninhalt der jeweils zwischen zwei Isoluxkurven gelegenen Flächen ermittelt man mittels Planimeter und multipliziert denselben mit dem Mittelwert der Horizontalbeleuchtungen der beiden begrenzenden Isoluxkurven. Die Summe aller dieser für die ganze Fläche erhaltenen Produkte wird durch die gesamte Fläche oder durch die Summe aller einzelnen Flächen dividiert und so entsprechend der oben angegebenen Formel

$$E_m = \frac{\Sigma(E \cdot f)}{\Sigma f}$$

die mittlere Horizontalbeleuchtung erhalten. Ausgeführte Beispiele für die Zeichnung von Isoluxkurven siehe Maréchal, L'éclairage à Paris (Paris, Baudry & Cie.); Lux, Die öffentliche Beleuchtung von Berlin (Berlin, 1896), Seite 439—457.

Ist nur eine Lichtquelle vorhanden, so werden die Isoluxkurven konzentrische Kreise. Da der Flächeninhalt der zwischen zwei derartigen Isoluxkurven liegenden konzentrischen Kreisringe leicht zu berechnen ist, so gestaltet sich die Berechnung der von einer Lichtquelle allein herrührenden mittleren Horizontalbeleuchtung einfacher. Sind mehrere räumlich verteilte Lichtquellen vorhanden, so kann man die mittlere Horizontalbeleuchtung für jede Lichtquelle einzeln berechnen und die resultierende mittlere Horizontalbeleuchtung als Summe dieser Einzelwerte erhalten. Hierauf beruht das von Zeidler in seinem Buche „Die elektrischen Bogenlampen" (6. Heft der „Elektrotechnik in Einzeldarstellungen", herausgegeben von Dr. G. Benischke, Braunschweig, 1905), Seite 100, angegebene Verfahren der Berechnung der mittleren Horizontalbeleuchtung.

Auch in dem oben schon erwähnten Aufsatze „L'éclairage par les lampes à arc“ (Le Génie Civil, 1894/95, Band XXVI, Seite 230) zeigt Blondel die Berechnung der mittleren Horizontalbeleuchtung für beliebige Flächen an Beispielen; er benützt dabei die auf die einzelnen Kreisringflächen entfallenden Lichtströme anstatt der mittleren Beleuchtung und berechnet hieraus den gesamten nach der in Betracht kommenden Fläche gelangenden Lichtstrom; wird dieser durch die gesamte Fläche dividiert, so ergibt sich hieraus die mittlere Horizontalbeleuchtung.

Das Zeichnen der Isoluxkurven und Planimetrieren oder Berechnen der einzelnen Flächen ist in jedem Falle recht umständlich und zeitraubend. Rascher kommt man zum Ziele und erhält dabei auch ein anschauliches Bild der Beleuchtungsverteilung, wenn man die zu beleuchtende Fläche in eine Anzahl flächengleicher Quadrate oder Rechtecke einteilt und für den Mittelpunkt eines jeden die Horizontalbeleuchtung berechnet. Am einfachsten geschieht dies mit Hilfe einer Kurve der von einer Lampe allein herrührenden Horizontalbeleuchtung, wie sie in Fig. 7 (Seite 37) enthalten ist. Für den Mittelpunkt eines jeden Rechtecks ermittelt man hierbei aus einer Zeichnung die Abstände von den Fußpunkten derjenigen Lampen, die für die Beleuchtung dieses Punktes praktisch noch in Betracht kommen; für diese Abstände entnimmt man aus der erwähnten Kurve die Werte der Horizontalbeleuchtung; durch Addition der Einzelwerte ergibt sich für jeden Punkt die gesuchte Beleuchtung, Addiert man alle so berechneten Werte der Horizontalbeleuchtung der einzelnen Mittelpunkte und dividiert die Summe durch die Gesamtzahl aller vorhandenen Rechtecke, so erhält man die mittlere Horizontalbeleuchtung. Ein näher ausgeführtes Beispiel für dieses Verfahren siehe weiter unten Seite 91.

Das an sich auch noch etwas umständliche Verfahren wird dadurch vereinfacht, daß man infolge der vorhandenen Symmetrie in den meisten Fällen nur einen kleinen Teil der zu beleuchtenden Fläche in Betracht zu ziehen hat. In Fig. 10 sind als Beispiel für einige gebräuchliche Lampenanordnungen jeweils diejenigen Bereiche in Quadrate eingeteilt, für welche die Berechnung der Beleuchtung vorzunehmen ist; im übrigen Teil der Fläche wiederholt sich die ermittelte Beleuchtung immer wieder symmetrisch oder periodisch. Die Zahl der einzelnen Quadrate oder Rechtecke wählt man zweckmäßig zu

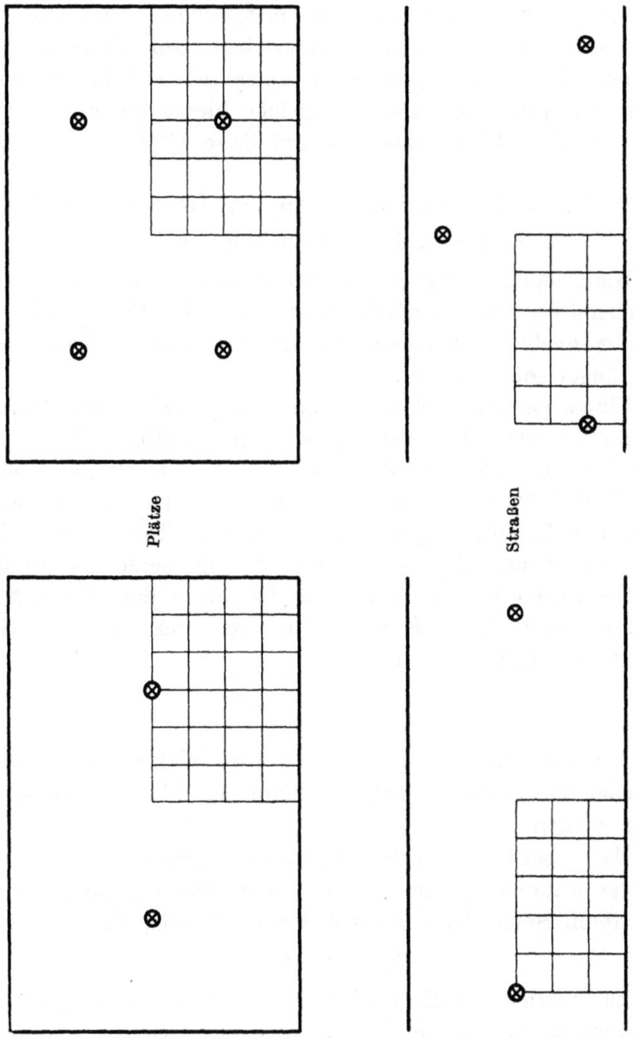

Fig. 10. Einteilung der Straßen- bzw. Platzfläche in Rechtecke.

etwa 10 bis 20, um einerseits genügende Genauigkeit, andrerseits aber auch keine zu zeitraubende Arbeit zu erhalten.

Für den praktischen Gebrauch des Beleuchtungstechnikers, der für Berechnungen nicht viel Zeit übrig hat, ist auch das zuletzt beschriebene Verfahren zur Berechnung der mittleren Horizontalbeleuchtung noch zu umständlich. Hier muß man ohne lange Rechen- und Zeichenarbeit zum Ziele gelangen können. Ein hierzu geeignetes Verfahren soll im folgenden näher beschrieben werden. (Vergleiche hierzu die Aufsätze des Verf.: E. T. Z. 1906, Seite 493 und Seite 1129.)

26. Vereinfachtes Verfahren zur Berechnung der mittleren Horizontalbeleuchtung.

Die Grundzüge dieses Verfahrens sollen zunächst an einem speziellen, besonders einfach zu behandelnden Falle gezeigt und dasselbe nachher allgemein auf die praktisch vorkommenden Fälle angewandt werden:

Eine kreisrunde Fläche F vom Radius $HP = a$ werde durch eine Lichtquelle beleuchtet, die sich in der Höhe $OH = h$ über der Fläche befindet, so daß von ihr aus die Fläche F unter dem Winkel $HOP = \alpha$ gesehen wird, Die Lichtquelle besitze die in Fig. 11 eingetragene Lichtverteilung. Die mittlere Horizontalbeleuchtung E_m der Fläche F soll berechnet werden. Dieselbe wird erhalten, wenn man den nach der Fläche F gelangenden Lichtstrom Φ durch die Größe der Fläche F dividiert (siehe oben Seite 3):

$$E_m = \frac{\Phi}{F}.$$

Der Lichtstrom innerhalb des Winkelbereichs α, der nach der Fläche F gelangt, kann in folgender Weise erhalten werden:

Oben (Seite 7) wurde folgende Beziehung zwischen der mittleren unteren hemisphärischen Lichtstärke $J_\triangledown$ und dem nach der unteren Hemisphäre gelangenden Lichtstrom $\Phi_\triangledown$ abgeleitet:

$$\Phi_\triangledown = 2\pi J_\triangledown.$$

Die mittlere hemisphärische Lichtstärke wird aus dem Flächeninhalt der durch die Rousseausche Kurve begrenzten Fläche erhalten (siehe Seite 14). Will man diesen Flächeninhalt für jeden beliebigen Winkelbereich α zwischen 0^0 und 90^0 ermitteln, so teilt man die Fläche durch eine Anzahl von Or-

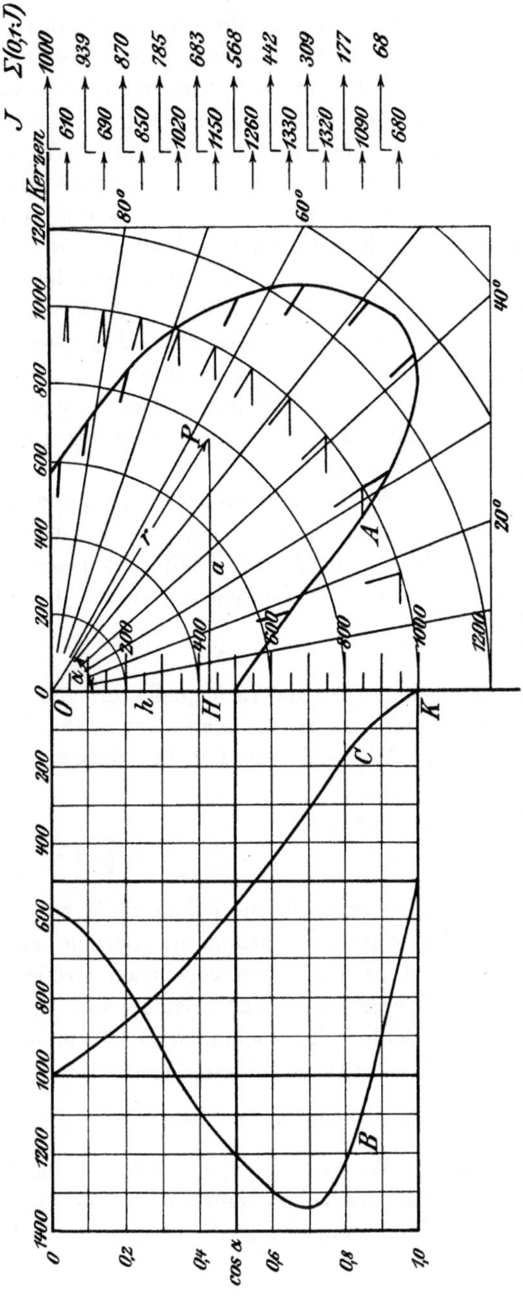

Fig. 11. Verfahren zur Ermittlung der Lichtstromkurve.
A Lichtverteilungskurve. *B* Rousseausche Kurve. *C* Lichtstromkurve.

dinaten in einzelne Flächenstreifen ein, bestimmt den Inhalt jedes einzelnen und trägt die Summe der Inhalte jeweils als Ordinate am Endpunkt der entsprechenden Abszisse ab, von dem für $\alpha = 0$ geltenden Punkte K (Fig. 11, Seite 45) ausgehend. Die Verbindungslinie der Ordinatenendpunkte ergibt die Integralkurve der Rousseauschen Kurve. Die Ordinate dieser Integralkurve für $\alpha = 90^0$ oder $\cos\alpha = 0$ ergibt die mittlere hemisphärische Lichtstärke. Multipliziert man dieselbe mit 2π, so erhält man, wie oben angegeben, den Lichtstrom für den Winkelbereich $\alpha = 90^0$. Ebenso erhält man auch den Lichtstrom für jeden anderen Winkelbereich α, wenn man den zugehörigen Ordinatenwert Ψ der Integralkurve der Rousseauschen Kurve mit 2π multipliziert. Die Integralkurve der Rousseauschen Kurve soll daher weiterhin als Lichtstromkurve bezeichnet werden.

Die Abszissen der Lichtstromkurve haben die Werte $\cos\alpha$ oder $1 - \cos\alpha$, wenn die Strecke $OK = 1$ gemacht wird und man vom Punkte O oder K als Nullpunkt ausgeht. Da im allgemeinen nicht der Winkelbereich α sondern die zu beleuchtende Fläche

$$F = \pi a^2$$

und die Aufhängehöhe (h) der Lichtquelle für die Berechnung gegebene Größen sind, so drückt man zweckmäßig $\cos\alpha$ durch diese Größen aus. Wie sich aus Fig. 11 (Seite 45) ergibt, ist:

$$\cos\alpha = \frac{h}{\sqrt{h^2 + a^2}} = \frac{1}{\sqrt{1 + \frac{a^2}{h^2}}} = \frac{1}{\sqrt{1 + \frac{F}{\pi h^2}}}$$

Die Größe $1 - \cos\alpha$, die in jedem Falle zur Ermittlung der mittleren Horizontalbeleuchtung erforderlich ist, läßt sich zwar nach dieser Formel aus den gegebenen Größen F und h in einfacher Weise berechnen. Zur Erleichterung der Rechnung ist in Fig. 12 am Schluß des Buches (Seite 134) eine Kurve aufgestellt, aus der $1 - \cos\alpha$ in Abhängigkeit von der mit einer Einstellung des Rechenschiebers zu berechnenden Größe $\frac{F}{h^2}$ für alle gebräuchlichen Werte von 0 bis 100 zu entnehmen ist. Der erste Teil dieser Kurve ist daneben in Fig. 13 (Seite 134) nochmals in vergrößertem Maßstabe angegeben. Ferner ist ebenda (Seite 135) auch noch eine Zahlentafel (I.) für dieselben Werte aufgestellt, da bei häufigem Gebrauche die Benützung einer Zahlentafel an Stelle einer Kurve die Arbeit wesentlich vereinfacht.

27. Lichtstromkurven und Lichtstromtafeln.

Für jede Berechnung einer mittleren Horizontalbeleuchtung nach dem vereinfachten Verfahren ist die Kenntnis der Lichtstromkurve der anzuwendenden Lichtquelle erforderlich. Es wäre jedoch recht umständlich, wenn man sich die Lichtstromkurve für jede Lichtquelle immer erst ausrechnen und aufzeichnen müßte. Wie sich bei der praktischen Anwendung des hier beschriebenen Verfahrens gezeigt hat, ist es zweckmäßig und auch vollständig ausreichend, für die verschiedenen Arten von Lichtquellen Normal-Lichtstromkurven für eine bestimmte mittlere hemisphärische Lichtstärke, beispielsweise von 1000 Kerzen, zu entwerfen; diese Kurven können dann für jede Beleuchtungsberechnung benützt werden. Dieselben sind am Schluß des Buches auf Seite 136 bis 157 für alle gebräuchlichen Lichtquellen angegeben.

Das zur Aufstellung der Lichtstromkurven angewandte Verfahren entspricht dem oben (Seite 17) angegebenen Näherungsverfahren I zur Berechnung der mittleren sphärischen und hemisphärischen Lichtstärke und geht aus Fig. 11 (Seite 45) deutlich hervor. Daselbst ist auf der rechten Seite eine Lichtverteilungskurve (A) für $J_{\smile} = 1000$ Kerzen eingetragen. Die rechts davon stehenden Zahlenwerte sind ebenso wie in Fig. 4 (Seite 17) die aus der Lichtverteilungskurve entnommenen Ordinaten der Rousseauschen Kurve (B) für die Mittelpunkte der zehn gleichen Abschnitte, in die die Abszissenaxe OK eingeteilt ist. Sie sind also die mittleren Höhen der zehn Rechtecke, in welche die durch die Rousseausche Kurve und die Abszissenachse OK begrenzte Fläche zerfällt. Die Grundlinien der einzelnen Rechtecke sind alle gleich, nämlich

$$\frac{OK}{10} = 0{,}1, \text{ wenn } OK = 1.$$

Multipliziert man also die einzelnen Ordinatenwerte jeweils mit 0,1, so erhält man die Flächen der einzelnen Rechtecke. Addiert man diese der Reihe nach von unten nach oben gehend, so ergeben die einzelnen in der zweiten Zahlenreihe in Fig. 11 stehenden Summenwerte die Ordinaten Ψ der Integralkurve der Rousseauschen Kurve, also der Lichtstromkurve für die Abszissenwerte $1 - \cos\alpha = 0{,}1$, $0{,}2$, $0{,}3$ bis $1{,}0$. Aus diesen Werten ist auf der linken Seite der Fig. 11 die Lichtstromkurve (C) gezeichnet. Die Endordinate derselben im Punkte O muß den Wert 1000 erhalten, weil die Lichtverteilungskurve A für $J_{\triangledown} = 1000$ Kerzen aufgestellt ist.

Zum bequemeren Gebrauch sind ferner als Ersatz für die Lichtstromkurven in den Zahlentafeln II bis XII am Schlusse des Buches (Seite 137 bis 157) Lichtstromtafeln gegeben, die in gleicher Weise wie die gebräuchlichen trigonometrischen Tafeln zu benützen sind. In den beiden seitlichen Vertikalreihen sind die Werte $1 - \cos\alpha$, beziehungsweise $\cos\alpha$ enthalten. Die zugehörigen Werte von Ψ sind von Hundertsteln zu Hundertsteln in den Tafeln selbst enthalten. Für dazwischenliegende Werte ist, soweit erforderlich, zu interpolieren.

Die Lichtstromkurven und Lichtstromtafeln sind für folgende Lichtverteilungsarten aufgestellt:

1. Für die bei theoretischen Berechnungen oft gebrauchte Lichtverteilungskurve eines geraden leuchtenden Stäbchens, die der Gleichung entspricht:

$$J = J_{90^0} \cdot \sin\alpha$$

(Fig. 14, Zahlentafel II, Seite 136 bis 137).

2. Für die gleichfalls theoretische Lichtverteilungskurve eines einseitig leuchtenden Flächenelementes entsprechend der Gleichung:

$$J = J_{0^0} \cdot \cos\alpha$$

(Fig. 15, Zahlentafel III, Seite 138 bis 139).

3. Für nackte Kohlenfaden- und Metallfadenglühlampen, deren Lichtverteilung von dem Fall 1. nur wenig abweicht. (Fig. 16, Zahlentafel IV, Seite 140 bis 141.)

4. Für Kohlenfaden- und Metallfadenglühlampen mit Reflektoren oder Holophan-Glocken, die bewirken, daß ein größerer Teil des Lichtes nach unten gelangt als bei nackten Lampen. (Fig. 17, Zahlentafel V, Seite 142 bis 143.)

5. Für Kohlenfaden- und Metallfadenglühlampen mit stark nach unten wirkenden Reflektoren, das heißt

solchen, die fast alles Licht unmittelbar nach unten und nur wenig oder fast gar kein Licht nach der Seite und nach oben gelangen lassen. (Fig. 18, Zahlentafel VI, Seite 144 bis 145.)

6. Für gewöhnliche Gleichstrom-Bogenlampen ohne Glocke oder mit neuer Klarglasglocke. (Fig. 19, Zahlentafel VII, Seite 146 bis 147.)

7. Für gewöhnliche Gleichstrom-Bogenlampen mit Opalglas- oder Alabaster-Glocken. Diese Lichtstromkurve und -tafel ist auch für Flammenbogenlampen mit übereinander stehenden Kohlen und Opalglas- oder Alabaster-Glocken zu benützen. Ferner gilt sie auch für Wechselstrom-Lampen mit Lichtpunkt-Reflektor. (Fig. 20, Zahlentafel VIII, Seite 148 bis 149.)

8. Für Dauerbrand- und Spar-Lampen für Gleich- und Wechselstrom mit Opalglas- oder Alabaster-Glocken. (Fig. 21, Zahlentafel IX, Seite 150 bis 151.)

9. Für Intensiv-Flammen-Bogenlampen mit schräg nebeneinander stehenden Kohlen und Klarglas-, Opalglas- oder Alabaster-Glocken. (Fig. 22, Zahlentafel X, Seite 152 bis 153.)

10. Für gewöhnliches (stehendes) Gasglühlicht mit Straßenreflektor, wie er hauptsächlich in den Straßenlaternen im Gebrauch ist. (Fig. 23, Zahlentafel XI, Seite 154 bis 155).

11. Für hängendes Gasglühlicht. (Fig. 24, Zahlentafel XII, Seite 156 bis 157.)

Die hier für die hauptsächlich gebräuchlichen Lichtquellen angegebenen Normal-Lichtverteilungskurven sind jeweils Mittelwertskurven aus je 6 bis 12 teils vom Verfasser selbst aufgenommenen, teils in der Fachliteratur enthaltenen Kurven. Nur für die Lichtverteilung des Gasglühlichts waren Unterlagen in größerer Zahl nicht zu erhalten. Die hierfür angegebenen Lichtverteilungskurven sind einem Aufsatze von Prof. Drehschmidt „Über hängendes Gasglühlicht" (Journal für Gasbeleuchtung, 1905, Seite 816) entnommen.

Für andere Lichtquellen, deren Lichtverteilungs- und Lichtstromkurven hier nicht angegeben sind, wird man durch Vergleich mit den angegebenen Kurven leicht eine annähernd entsprechende finden.

Wie ein Überblick über die am Schluß des Buches angegebenen Lichtverteilungskurven zeigt, weisen dieselben zum Teil sehr große Verschiedenheiten voneinander auf. Dagegen treten diese Verschiedenheiten in den Lichtstromkurven in viel geringerem Maße hervor. Für rohe Annäherungsrechnungen kann man deshalb auch auf die Benützung der Lichtstromkurve ganz verzichten und dieselbe als gerade Linie annehmen, wie sie bei vollkommen gleichmäßiger Lichtverteilung erhalten wird. Hierfür wird die Rousseausche Kurve eine zur Abszissenachse parallele Gerade und die Lichtstromkurve als deren Integralkurve eine vom Nullpunkt ausgehende gerade Linie. Bei einer mittleren hemisphärischen Lichtstärke von 1000 Kerzen ist dann Ψ jeweils der 1000fache Wert der Abszisse $1 - \cos \alpha$.

Für Nernst-Lampen sind keine besonderen Lichtstromkurven angegeben. Die kleinen Lampen Modell B und D mit Bügelbrenner und Opalglas-Glocke haben in der unteren Hemisphäre eine nahezu gleichförmige Lichtverteilung; als Lichtstromkurve kann daher für diese Lampen mit sehr guter Annäherung die gerade Linie gewählt werden. Dasselbe gilt auch für die größere Lampe (Modell A) mit vertikalem Brenner und Opalglasglocke. Für die Nernst-Lampen (Modell A und B) mit horizontalem Brenner und Opalglas-Glocke kann dagegen die Lichtverteilungs- und Lichtstromkurve beziehungsweise-Tafel der Glühlampe mit Reflektor (Seite 142 bis 143) benützt werden.

28. Anwendung des vereinfachten Verfahrens zur Berechnung der mittleren Horizontalbeleuchtung von Straßen und Plätzen.

Der oben zur Erläuterung des vereinfachten Verfahrens besprochene Fall einer einzigen Lampe inmitten eines kreisrunden Platzes ist praktisch nur eine seltene Ausnahme. Im allgemeinen hat man bei Straßen- und Platzbeleuchtungen mit einer größeren Anzahl von Lampen zu rechnen, die Flächen von beliebiger Gestalt beleuchten. Auch hierfür kann man das vereinfachte Verfahren zur Berechnung der mittleren Horizontalbeleuchtung anwenden und zwar führt man als Fläche F die auf eine Laterne oder einen Lampenmast entfallende Straßen- oder Platzfläche in die Berechnung ein und nimmt dabei an, diese Fläche sei ein Kreis, in dessen Mittelpunkt sich der

Lampenmast befindet, und der nur von diesem Maste aus beleuchtet wird. Hierdurch werden zwei Fehlerquellen in die Rechnung hereingebracht:

Die auf eine Lampe entfallende Straßen- oder Platzfläche hat fast immer Rechteckform. Bei Umwandlung eines solchen Rechtecks in einen flächengleichen Kreis werden die außerhalb des Kreises liegenden Teile des Rechtecks durch innerhalb des Kreises liegende Flächenteile ersetzt, also Stellen von schwächerer durch Stellen von stärkerer Beleuchtung. Infolge dessen würde man aus dem Näherungsverfahren einen zu großen Wert für die mittlere Horizontalbeleuchtung erhalten. Andrerseits bleibt aber die von den benachbarten Lampen herrührende Beleuchtung unberücksichtigt, und dadurch wird ein Fehler begangen, der bewirkt, daß das Resultat zu klein ausfällt. Diese beiden Fehlerquellen gleichen sich nun gegenseitig zum Teil wieder aus und es bleibt ein meist nur geringer Fehler übrig.

Bei Straßenbeleuchtung ist der übrig bleibende Fehler hauptsächlich von dem Verhältnis des Lampenabstandes zur Straßenbreite abhängig und läßt sich für alle gebräuchlichen Fälle bis auf die Größe von höchstens 5 % beschränken, wenn man in die Berechnung der mittleren Horizontalbeleuchtung einen Korrektionsfaktor k einführt. Aus einer größeren Zahl von durchgerechneten Beispielen für verschiedene Lichtverteilungen und Lampenanordnungen wurde für diesen Korrektionsfaktor folgende Beziehung ermittelt. Ist λ das Verhältnis von Lampenabstand zu Straßenbreite, so wird

$$k = 1{,}2 - 0{,}1\,\lambda.$$

Der Lampenabstand ist dabei immer in der Straßenrichtung zu messen, auch bei versetzter Anordnung der Lampen auf beiden Seiten der Straße (wie unten rechts in Fig. 10, Seite 43).

Auch bei der Berechnung der mittleren Horizontalbeleuchtung von Plätzen ist derselbe Korrektionsfaktor k anzuwenden. Für λ ist dann das Verhältnis aus dem mittleren Abstand der benachbarten Lampen zur größten Längenausdehnung des Platzes einzusetzen. Die bei der Benützung des Näherungsverfahrens gemachten Fehler betragen dann in den meisten Fällen auch nur höchstens 5 % und nur in Ausnahmefällen bis zu 10 %, wie die Durchrechnung einer größeren Zahl von Beispielen zeigte.

Die Berechnung der mittleren Horizontalbeleuchtung E_m erfolgt nunmehr in folgender Weise: Entfallen auf einen Lampenmast F qm Straßen- oder Platzfläche und befinden sich an demselben z Lampen, jede von der mittleren hemisphärischen Lichtstärke $J_{\triangledown}$, in einer Höhe von h Meter über der Horizontalebene aufgehängt, so hat man zunächst die Größe $\frac{F}{h^2}$ zu berechnen und für den berechneten Wert aus den Kurven Fig. 12 oder 13 oder aus der Zahlentafel I (Seite 135) die Größe $1 - \cos\alpha$ zu entnehmen. Die für die anzuwendende Lampenart geltende Lichtstromkurve oder Lichtstromtafel liefert dann den zu $1 - \cos\alpha$ gehörenden Wert Ψ für eine mittlere hemisphärische Lichtstärke von 1000 Kerzen. Der nach der Fläche F gelangende Lichtstrom Φ wird alsdann

$$\Phi = 2\pi \cdot \Psi \cdot \frac{J_{\triangledown} \cdot z}{1000}$$

Als Quotient aus Lichtstrom und Fläche ergibt sich unter Berücksichtigung des Korrektionsfaktors k die mittlere Horizontalbeleuchtung:

$$\boldsymbol{E_m = \frac{2\pi\Psi}{F} \cdot \frac{J_{\triangledown} \cdot z}{1000} \cdot k}$$

29. Anwendung des vereinfachten Verfahrens zur Berechnung der mittleren Horizontalbeleuchtung von Innenräumen.

Bei der Beleuchtung von Innenräumen kann man in allen Fällen, in denen es sich nicht um außergewöhnlich große Räume (über 1000 qm) handelt, annehmen, daß jede Lampe für die Beleuchtung des ganzen Raumes in Betracht kommt. Natürlich ist dabei Voraussetzung, daß der Raum so beschaffen ist und die Lampen in demselben so angeordnet sind, daß das Licht von ihnen nach der ganzen Fläche des Innenraumes gelangen kann. Als Fläche F kann man in solchen Fällen die Fläche des ganzen Innenraumes einsetzen und zwar sowohl für die Berechnung von $\frac{F}{h^2}$ wie auch in die Formel für die mittlere Horizontalbeleuchtung

$$E_m = \frac{2\pi\Psi}{F} \cdot \frac{J_{\triangledown} \cdot z}{1000} \cdot k$$

Unter z ist hier die Gesamtzahl der in dem Raum vorhandenen Lampen von der mittleren hemisphärischen Lichtstärke $J_{\smile}$ zu verstehen.

Nur bei sehr großen Räumen wird man je nach der Art des Raumes und der Anordnung der Lampen als F nur einen Teil der ganzen Fläche des Innenraumes und für z die Zahl der in dem betreffenden Teile vorhandenen Lampen einsetzen. Unter Umständen wird man auch die Beleuchtung solcher Räume wie eine Straßen- oder Platzbeleuchtung behandeln, wenn die Räume in ihrer ganzen Art einer Straße oder einem Platze mehr gleichkommen als einem Innenraume, wie zum Beispiel Bahnhofs- oder Markthallen.

Der Faktor k in obiger Formel hat für Innenbeleuchtung eine andere Bedeutung als für Straßen- oder Platzbeleuchtung. Mit ihm wird die Reflexion der Decken und Wände des Innenraumes und die hierdurch hervorgerufene Erhöhung der mittleren Beleuchtung berücksichtigt. Sehr oft wird diese Erhöhung der Beleuchtung durch Decken- und Wandreflexion überschätzt. Denn wenn man für Innenbeleuchtung nicht schon Lampen verwendet, die an und für sich das meiste Licht nach dem Boden und den Tischen senden, so benützt man doch bei Lampen mit anderer Lichtverteilungskurve, zum Beispiel Glühlampen, fast immer Glocken und Reflektoren, die bewirken, daß das meiste Licht nach unten und viel weniger Licht nach der Decke und den Wänden gelangt. Der Einfluß der Decken- und Wandreflexion kann daher dann, wenn die Decke und Wände eines Raumes keinen hellen Anstrich oder helle Tapete haben, ganz vernachlässigt und $k = 1$ gesetzt werden. Bei mäßig hellen Decken und Wänden wird $k = 1{,}1$ bis 1,2; bei besonders hellen Decken und Wänden und auch dann, wenn verhältnismäßig viel Licht nach denselben gelangt, wird $k = 1{,}2$ bis 1,5.

Ein besonderes Gebiet bildet in dieser Hinsicht die ganz indirekte Beleuchtung, bei welcher überhaupt alles Licht zunächst nach der Decke und von da erst nach unten gelangt. Diese Beleuchtungsart soll im letzten Abschnitt dieses Buches (Seite 108) für sich behandelt werden.

30. Anwendung des vereinfachten Verfahrens zur Berechnung der erforderlichen Lichtstärke oder Lampenzahl.

Den bisherigen Ausführungen lag die Annahme zugrunde, daß die Zahl und die Lichtstärke der anzuwendenden Lampen schon gegeben ist und die damit zu erzielende mittlere Horizontalbeleuchtung berechnet werden soll. Sehr oft kommt jedoch auch die Aufgabe vor, eine bestimmte mittlere Horizontalbeleuchtung bei schon festgelegter Lampenanordnung zu erreichen und die hierfür erforderliche Lichtstärke der Lampen ($J_{\triangledown}$) oder die Lampenzahl (z) für jeden Mast oder Beleuchtungskörper zu ermitteln. Auch diese Aufgabe kann mittels des besprochenen vereinfachten Verfahrens unmittelbar gelöst werden. Aus der oben (Seite 52) angegebenen Gleichung für die mittlere Horizontalbeleuchtung E_m ergibt sich:

$$J_{\triangledown} = \frac{E_m \cdot F}{2\pi \cdot \frac{\Psi}{1000} \cdot z \cdot k}, \qquad z = \frac{E_m \cdot F}{2\pi J_{\triangledown} \cdot \frac{\Psi}{1000} \cdot k}.$$

Hierin haben die einzelnen Größen dieselbe Bedeutung wie es in den vorhergehenden beiden Abschnitten für Straßen- und Innenbeleuchtung angegeben wurde.

Schließlich kann auch noch der Fall vorkommen, daß für eine Straßenbeleuchtung die erforderliche mittlere Horizontalbeleuchtung und auch die Lichtstärke der anzuwendenden Lampen schon festliegt und der hierfür zulässige Lampenabstand, mithin die Fläche F zu berechnen ist. In diesem Falle geht man am besten indirekt vor und rechnet unter Annahme eines bestimmten Lampenabstandes mittels des vereinfachten Verfahrens nach, ob bei der gegebenen Lichtstärke und Lichtverteilung der Lampen die verlangte mittlere Horizontalbeleuchtung erreicht wird. Auch eine mehrmalige Ausführung einer derartigen Proberechnung erfordert nur kurze Zeit.

Zu beachten bleibt immer, daß das angegebene vereinfachte Verfahren nur ein in den meisten vorkommenden Fällen bis auf etwa 5% genaues Näherungsverfahren ist. Da man jedoch bei der Lichtstärke fast aller Lampen eine ziemlich weitgehende Toleranz walten lassen muß, so ist diese immer auch auf die erzielte Beleuchtung auszudehnen und die

Anwendung eines derartigen Näherungsverfahrens zur Berechnung der Beleuchtung ist daher völlig berechtigt.

Durch eine Anzahl von Beispielen für Straßen-, Platz- und Innenbeleuchtung soll die Anwendung des vereinfachten Verfahrens der Beleuchtungsberechnung weiter unten (Seite 58) noch näher veranschaulicht werden.

31. Anwendung der Lichtstromtafeln für die Berechnung beliebiger Beleuchtungswerte.

Der Gebrauch der am Schlusse des Buches angegebenen Lichtstromtafeln beschränkt sich nicht allein auf die bisher behandelte Berechnung der mittleren Horizontalbeleuchtung. Vielmehr bieten dieselben auch ein bequemes Mittel zur Berechnung beliebiger Werte der Beleuchtung mit einer für praktische Zwecke genügenden Genauigkeit ohne Zuhilfenahme einer Lichtverteilungskurve.

Für die Lichtstromkurve ist nämlich auf Grund ihrer Herleitung als Integralkurve der Rousseauschen Kurve (siehe Seite 46) der Wert $\frac{d\Psi}{d\cos\alpha}$ gleich der Ordinate der Rousseauschen Kurve, also auch gleich der Lichtstärke J für den $\cos\alpha$ entsprechenden Winkel:

$$\frac{d\Psi}{d\cos\alpha} = J.$$

Da nun die Lichtstromtafeln für

$$d\cos\alpha = 0{,}01$$

aufgestellt sind, so ist die $d\Psi$ entsprechende Differenz Δ zwischen zwei benachbarten Werten Ψ der Lichtstromtafeln:

$$\Delta = J \cdot d\cos\alpha = 0{,}01\,J \quad \text{oder:} \quad J = 100\,\Delta.$$

Da ferner die am Schlusse des Buches gegebenen Lichtstromtafeln alle für eine mittlere hemisphärische Lichtstärke von 1000 Kerzen gelten, so wird für eine beliebige Lampe von der mittleren hemisphärischen Lichtstärke $J_{\triangledown}$ die Lichtstärke J unter dem Winkel α erhalten, wenn man aus der entsprechenden Lichtstromtafel den zu $\cos\alpha$ gehörigen Wert Δ entnimmt. Es ist dann

$$\frac{J}{J_{\triangledown}} = \frac{100\,\Delta}{1000}, \quad \text{also:} \quad J = J_{\triangledown} \cdot \frac{\Delta}{10}.$$

Wenn dabei die beiden für den Wert $\cos\alpha$ einander benachbarten Werte von Δ nicht übereinstimmen, so nimmt man aus beiden das Mittel.

Sei zum Beispiel für eine Kohlenfadenglühlampe von

$$J_{hor} = 32 \text{ Kerzen} \quad \text{und} \quad J_{\triangledown} = 32 \cdot 0{,}8 = 25{,}6 \text{ Kerzen},$$

die Lichtstärke unter einem Winkel α von 45^0, beziehungsweise für

$$\cos\alpha = 0{,}707$$

zu ermitteln, so ergibt sich aus der Zahlentafel IV (Seite 141):

$$\Delta = 221 - 212 = 9 \quad \text{also:} \quad J = 25{,}6 \cdot \frac{9}{10} = 23 \text{ Kerzen}.$$

Hat man in dieser Weise die Lichtstärke ermittelt, so läßt sich die Beleuchtung für jeden beliebigen Punkt einfach berechnen. Soll für den Punkt P, der a Meter vom Fußpunkt einer in h Meter Höhe aufgehängten Lampe entfernt ist, die Horizontalbeleuchtung E_H berechnet werden, so berechnet man zunächst

$$r = \sqrt{a^2 + h^2} \quad \text{und} \quad \cos\alpha = \frac{h}{r},$$

entnimmt für $\cos\alpha$ den Wert Δ aus der entsprechenden Lichtstromtafel und berechnet dann (nach Seite 36)

$$E_H = \frac{J}{r^2} \cdot \cos\alpha = J_{\triangledown} \cdot \frac{\Delta}{10} \cdot \frac{\cos\alpha}{r^2}.$$

Soll auch der Maximalwert der Vertikalbeleuchtung im Punkte P berechnet werden, so ergibt sich derselbe (nach Seite 36) aus der Horizontalbeleuchtung als:

$$E_V = \frac{J}{r^2} \cdot \sin\alpha = E_H \cdot \frac{a}{h}.$$

Ferner wird die Normalbeleuchtung im Punkte P

$$E_N = \frac{J}{r^2} = \frac{J_{\triangledown}}{r^2} \cdot \frac{\Delta}{10}.$$

32. Beleuchtungskörper mit mehreren Lampen.

Werden mehrere Lampen an einem Mast angebracht oder zu einem Beleuchtungskörper vereinigt, so kann man dieselben bei der Berechnung der Beleuchtung als eine einzige Lichtquelle behandeln. Die Art der Lichtverteilung wird zwar unter Umständen durch die Vereinigung mehrerer Lampen verändert, kann aber näherungsweise meist doch als die gleiche angenommen werden wie für die einzelne Lampe, und dementsprechend können auch die gleichen Lichtstromkurven und -tafeln benützt werden.

Dagegen muß von der Summe der Lichtstärken der einzelnen Lampen ein gewisser Betrag in Abzug gebracht werden, weil die einzelnen Lampen sich gegenseitig beschatten und dadurch nicht ihre volle Lichtstärke zur Wirkung kommt. Diese Beeinträchtigung wird berücksichtigt, indem man die Summe der Lichtstärken mit einem Reduktionsfaktor multipliziert, der je nach der Zahl und Anordnung der einzelnen Lampen den Wert 0,9 bis 0,8 annimmt.

33. Berechnung der Gleichmäßigkeit der Beleuchtung.

Wenn an die Gleichmäßigkeit der Beleuchtung (siehe Seite 32) auch bestimmte Anforderungen gestellt werden, so ist außer der mittleren Horizontalbeleuchtung auch der Maximal- und Minimalwert der Horizontalbeleuchtung zu berechnen. Der Maximalwert ist aus einer Kurve der Horizontalbeleuchtung zu entnehmen, deren Berechnung oben (Seite 38) gezeigt wurde. Nur bei sehr geringen Lampenabständen ist es erforderlich, auch die von den benachbarten Lampen herrührenden Werte der Horizontalbeleuchtung für die Berechnung des Maximalwertes in der Weise zu berücksichtigen, wie es oben (Seite 40) geschehen ist. Das Aufzeichnen der Beleuchtungskurve ist im allgemeinen nicht erforderlich, sondern es genügen meist wenige Proberechnungen für die Ermittlung des Maximalwertes.

Der für den Minimalwert der Horizontalbeleuchtung in Betracht kommende Punkt muß von den benachbarten Lampen am weitesten entfernt sein und ist leicht aufzufinden; aus den Abständen dieses Punktes von den benachbarten Lampen wird dann der Minimalwert der Horizontalbeleuchtung berechnet. Sind die an die Gleichmäßigkeit der Beleuchtung gestellten Anforderungen nicht erfüllt, so muß entweder die Aufhängehöhe der Lampen vergrößert oder, falls dann die mittlere Horizontalbeleuchtung nicht mehr ausreichen würde, der Lampenabstand verkleinert werden.

34. Beispiele zur Anwendung des vereinfachten Verfahrens der Beleuchtungsberechnung.

1. Beispiel. Straßenbeleuchtung.

Eine Straße von 16 m Breite soll durch Beleuchtungskörper mit Metallfadenglühlampen beleuchtet werden, die am Rande des Bürgersteiges zu beiden Seiten der Straße im Abstand von je 30 m (in der Straßenrichtung gemessen) angebracht sind (Fig. 25). Jeder Beleuchtungskörper enthalte in 4 m Höhe über dem Erdboden zwei in eine Klarglasglocke mit Reflektor eingeschlossene Metallfadenglühlampen für je 100 Kerzen horizontale Lichtstärke und 1 Watt pro Kerze Energieverbrauch. Für die Umrechnung auf die mittlere hemisphärische Lichtstärke ist zunächst der Faktor 0,8 einzuführen (siehe Tabelle III, Seite 131). Durch gegenseitige Verdeckung der beiden Lampen werden etwa 10 % des Lichtes verloren gehen, also gilt hierfür der Reduktionsfaktor 0,9; durch Absorption in der Klarglasglocke und dem Reflektor gehen weitere 15 % des Lichtes verloren, entsprechend einem Absorptionsfaktor von 0,85. Von dem gesamten Lichtstrom mögen mit Reflektor 70 % nach der unteren Hemisphäre gelangen, wodurch sich die mittlere hemisphärische Lichtstärke auf den 1,4fachen Wert derjenigen ohne Reflektor erhöht (siehe oben Seite 26). So erhält man schließlich für einen Beleuchtungskörper

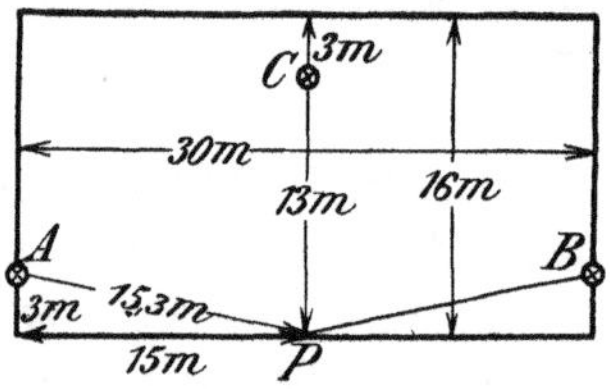

Fig. 25.

$$J_{\triangledown} = 2 \cdot 100 \cdot 0{,}8 \cdot 0{,}9 \cdot 0{,}85 \cdot 1{,}4 = 172 \text{ Kerzen.}$$

Die auf einen Lampenmast entfallende Straßenfläche ist

$$F = \frac{30 \cdot 16}{2} = 240 \text{ qm.}$$

Die Ebene, für welche die mittlere Horizontalbeleuchtung berechnet werden soll, liege 1,5 m über dem Erdboden, also wird

$$h = 4 - 1{,}5 = 2{,}5 \text{ m} \quad \text{und} \quad \frac{F}{h^2} = 38{,}4.$$

Hierfür ergibt sich aus der Zahlentafel I (Seite 135)

$$1 - \cos\alpha = 0{,}725.$$

Diesem Werte entspricht in der Lichtstromtafel für Glühlampen mit Reflektoren (Zahlentafel V, Seite 143) der Wert

$$\Psi = 810.$$

Das Verhältnis von Lampenabstand zu Straßenbreite ist hier

$$\lambda = \frac{30}{16} = 1{,}87.$$

Hiernach wird der Korrektionsfaktor für Straßenbeleuchtung (siehe Seite 51)

$$k = 1{,}2 - 0{,}1 \cdot 1{,}87 = 1{,}01.$$

So berechnet sich die mittlere Horizontalbeleuchtung zu:

$$E_m = \frac{2\pi \cdot 810}{240} \cdot \frac{172}{1000} \cdot 1{,}01 = 3{,}7 \text{ Lux}.$$

Die Wirtschaftlichkeit σ dieser Beleuchtung (siehe Seite 34) ausgedrückt durch den Energieverbrauch in Watt für 1 Lux mittlere Horizontalbeleuchtung und 1 qm Straßenfläche berechnet sich zu

$$\sigma = \frac{2 \cdot 100}{3{,}7 \cdot 240} = 0{,}225 \text{ Watt pro Lux und qm}.$$

Für diese Beleuchtung soll auch der Maximal- und Minimalwert der Horizontalbeleuchtung berechnet werden. Der Maximalwert der von einer Lampe allein herrührenden Horizontalbeleuchtung liegt entsprechend der oben (Seite 56) abgeleiteten Gleichung

$$E_H = J_{\triangledown} \cdot \frac{\Delta}{10} \cdot \frac{\cos\alpha}{r^2}$$

da, wo das Produkt $\frac{\Delta \cdot \cos\alpha}{r^2}$ seinen Maximalwert erreicht. Dieser läßt sich durch einige Proberechnungen an Hand der Lichtstromtafel leicht feststellen. Im vorliegenden Falle liegt der Maximalwert bei $\cos\alpha = 1$ unmittelbar unter der Lampe. Die von den benachbarten Lampen herrührende Beleuchtung beeinflußt hier die Lage des Punktes, an dem der Maximalwert erreicht wird, und auch die Größe des Maximalwertes nur unwesentlich und kann hier ganz vernachlässigt werden. So wird für

$$\cos\alpha = 1 \qquad \Delta = 13$$

und

$$E_{max} = 172 \cdot \frac{13}{10} \cdot \frac{1}{2{,}5^2} = 36 \text{ Lux}.$$

Der Minimalwert der Horizontalbeleuchtung liegt an dem in Fig. 25 mit P bezeichneten Punkte. Dieser ist von den Lampenfußpunkten A und B je 15,3 m entfernt. Hierfür wird

$$r = \sqrt{15{,}3^2 + 2{,}5^2} = 15{,}5 \quad \text{und} \quad \cos\alpha = \frac{2{,}5}{15{,}5} = 0{,}161.$$

Hierfür ergibt sich aus der Lichtstromtafel V: $\Delta = 7$. Also wird die von Lampe A herrührende Horizontalbeleuchtung im Punkte P

$$E_{P-A} = 172 \cdot \frac{7}{10} \cdot \frac{0{,}161}{15{,}5^2} = 0{,}08 \text{ Lux}.$$

Die Entfernung des Fußpunktes der Lampe C vom Punkte P beträgt 13 m. Hierfür ist

$$r = \sqrt{13^2 + 2{,}5^2} = 13{,}2 \quad \text{und} \quad \cos\alpha = \frac{2{,}5}{13{,}2} = 0{,}19.$$

Dem entspricht $\Delta = 8$, und die von Lampe C herrührende Horizontalbeleuchtung im Punkte P wird

$$E_{P-C} = 172 \cdot \frac{8}{10} \cdot \frac{0{,}19}{13{,}2^2} = 0{,}15 \text{ Lux}.$$

So wird der Minimalwert der Horizontalbeleuchtung:

$$E_{min} = E_{P-A} + E_{P-B} + E_{P-C} = 2\,E_{P-A} + E_{P-C}$$
$$= 2 \cdot 0{,}08 + 0{,}15 = 0{,}31 \text{ Lux}.$$

Die für die Beurteilung der Gleichmäßigkeit der Beleuchtung maßgebenden Verhältniszahlen werden hiernach

$$\frac{E_{max}}{E_{min}} = \frac{36}{0{,}31} = 121$$

oder

$$\frac{E_{max}}{E_{mittel}} = \frac{36}{3{,}7} = 9{,}7 \quad \text{und} \quad \frac{E_{min}}{E_{mittel}} = \frac{0{,}31}{3{,}7} = 0{,}08.$$

Da die beiden letzteren Werte vom Werte 1 recht weit entfernt sind, ist die vorliegende Beleuchtung als eine ziemlich ungleichmäßige zu bezeichnen; bei der geringen Aufhängehöhe der Lampen war dies auch zu erwarten.

2. Beispiel: Straßenbeleuchtung.

Eine Straße von 20 m Breite soll durch Wechselstrom-Flammenbogenlampen mit übereinander stehenden Kohlen beleuchtet werden. Es sollen Lampen für 12 Ampere in Dreischaltung bei 120 Volt mit Opalglasglocken verwendet und über der Straßenmitte aufgehängt werden. Eine mittlere Horizontalbeleuchtung von 3 Lux in 1,5 m Höhe über dem Erdboden ist verlangt, während an die Gleichmäßigkeit der Beleuchtung keine besonderen Anforderungen gestellt sind. Der erforderliche Lampenabstand soll berechnet werden.

Da über die Lichtstärke der anzuwendenden Lampen keine nähere Angabe gemacht ist, so muß dieselbe auf Grund der Tabelle III (Seite 131) annähernd berechnet werden. Daselbst ist für Gleichstrom-Flammenbogenlampen mit übereinander stehenden Kohlen eine mittlere Lichtausbeute von 2500 Kerzen (hemisphärisch) für je 1000 Watt angegeben. Für Wechselstromlampen ist gemäß der Anmerkung 3 zu der Tabelle die Lichtausbeute um etwa 30 % geringer, was einer Multiplikation mit 0,7 entspricht. Die Opalglasglocken haben nach den Angaben auf Seite 24 eine auf die mittlere sphärische Lichtstärke bezogene Absorption von 10 bis 20 %. Auf die mittlere hemisphärische Lichtstärke bezogen ist diese Absorption noch mit 1,5 zu multiplizieren, wie ebenda angegeben; die Absorption wird also etwa 25 %, der Absorptionsfaktor demnach 0,75 betragen. Die angewandten Lampen verbrauchen jede 12 Ampere und 40 Volt. Für Wechselstromlampen ist der Leistungsfaktor etwas kleiner als 1 und wird hier zu 0,95 angenommen. Hiernach ist der Energieverbrauch für jede Lampe

$$A = 12 \cdot 40 \cdot 0{,}95 = 455 \text{ Watt.}$$

So ergibt sich als mittlere hemisphärische Lichtstärke der anzuwendenden Lampen:

$$J_{\triangledown} = \frac{2500}{1000} \cdot 0{,}7 \cdot 0{,}75 \cdot 455 = 600 \text{ Kerzen.}$$

Da an die Gleichmäßigkeit der Beleuchtung keine besonderen Anforderungen gestellt sind, kann man die Aufhängehöhe der Lampen beliebig wählen. Es soll hierfür der vielfach übliche Wert von 8 m über dem Erdboden, also

$$h = 8 - 1{,}5 = 6{,}5 \text{ m}$$

über der Ebene angenommen werden, für welche die mittlere Horizontalbeleuchtung von 3 Lux verlangt ist. Wie oben (Seite 54) schon näher ausgeführt wurde, geht man in dem vorliegenden Falle am besten indirekt vor und nimmt zunächst verschiedene Lampenabstände an und berechnet hierfür die mittlere Horizontalbeleuchtung. In nachfolgender Tabelle IV ist die Berechnung für die Lampenabstände a von 30, 40 und 50 m durchgeführt. Aus der Fläche F für eine Lampe und der Aufhängehöhe h wird $\frac{F}{h^2}$ erhalten und hierfür $1 - \cos\alpha$ aus der Zahlentafel I (Seite 135). Die entsprechenden Werte von Ψ werden aus der Lichtstromtafel VIII (Seite 149) entnommen und die mittlere Horizontalbeleuchtung E_m ergibt sich nach der auf Seite 52 angegebenen Formel. Da das Verhältnis λ des Lampenabstandes zur Straßenbreite für die einzelnen Werte von a auch verschieden ist, so muß auch der Korrektionsfaktor k für jeden Fall besonders ausgerechnet werden.

Tabelle IV.

a	F	$\frac{F}{h^2}$	$1-\cos\alpha$	Ψ	λ	k	E_m
30	600	14,2	0,574	654	1,5	1,05	4,3
40	800	18,9	0,623	708	2,0	1,00	3,35
50	1000	23,7	0,658	744	2,5	0,95	2,65

Aus den drei berechneten Werten von E_m geht hervor, daß die geforderte mittlere Horizontalbeleuchtung von 3 Lux bei einem Lampenabstand von ungefähr 45 m erhalten wird. Durch weitere Fortführung der Rechnung ließe sich der erforderliche Lampenabstand noch genauer bestimmen, jedoch wäre dies praktisch ohne Wert, da man sich bei der Ausführung doch nur annähernd an den berechneten Lampenabstand halten kann.

3. Beispiel: Platzbeleuchtung.

Der Potsdamer Platz in Berlin hat eine Bodenfläche von ungefähr 7300 qm und ist von zwei um 45 m voneinander entfernten Lampenmasten aus einer Höhe von 18 m durch je vier Gleichstrom-Intensiv-Flammenbogenlampen für 20 Ampere und 55 Volt pro Lampe beleuchtet. Eine solche Lampe hat mit Klarglasglocke im gebrauchten Zustande eine mittlere hemisphärische Lichtstärke von 4000 Kerzen. Für die gegenseitige Verdeckung der einzelnen Lampen sind $15\,^0/_0$ in Abzug zu bringen, was einem Reduktionsfaktor von 0,85 entspricht. Die Fläche für einen Lampenmast ist

$$F = \frac{7300}{2} = 3650 \text{ qm},$$

die Lampenhöhe über der Ebene, für welche die mittlere Horizontalbeleuchtung zu berechnen ist,

$$h = 18 - 1{,}5 = 16{,}5 \text{ m} \qquad \text{und} \qquad \frac{F}{h^2} = 13{,}4.$$

Hierfür ergibt sich aus Zahlentafel I:

$$1 - \cos\alpha = 0{,}564,$$

wofür $\Psi = 680$ aus der Lichtstromtafel X (Seite 153) für Intensiv-Flammenbogenlampen erhalten wird.

Die größte Längenausdehnung des Platzes ist 160 m; bei einem Lampenabstand von 45 m wird daher

$$\lambda = \frac{45}{160} = 0{,}28 \qquad \text{und} \qquad k = 1{,}2 - 0{,}1 \cdot 0{,}28 = 1{,}17.$$

So ergibt sich für die mittlere Horizontalbeleuchtung:

$$E_m = \frac{2\pi \cdot 680}{3650} \cdot \frac{4000 \cdot 0{,}85 \cdot 4}{1000} \cdot 1{,}17 = 18{,}6 \text{ Lux}.$$

Dieses Rechnungsergebnis wurde auch durch Beleuchtungsmessungen auf dem Platze selbst durchaus bestätigt.

Die Wirtschaftlichkeit der Beleuchtung ist hier

$$\sigma = \frac{20 \cdot 55 \cdot 8}{7300 \cdot 18{,}6} = 0{,}065 \text{ Watt pro Lux und Quadratmeter}.$$

4. Beispiel: Platzbeleuchtung.

Ein quadratischer Platz von $40 \times 40 = 1600$ qm soll durch hängendes Gasglühlicht beleuchtet werden. Es sei eine mittlere Horizontalbeleuchtung von 10 Lux und eine minimale Horizontalbeleuchtung nicht unter 1 Lux in 1,5 m Höhe über dem Erdboden verlangt. Durch die Gestalt des

Platzes ergebe sich die in Fig. 26 angedeutete Anordnung von vier Lampenmasten. Die Aufhängehöhe der Lampen werde zu 5 m, also 3,5 m über der Meßebene gewählt. Die erforderliche Lichtstärke der anzuwendenden Lampen und die Wirtschaftlichkeit der Beleuchtung sei zu berechnen.

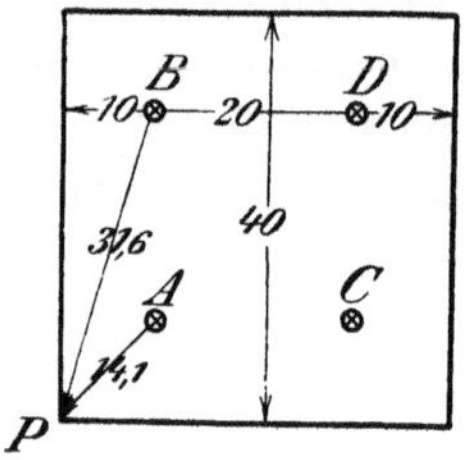

Fig. 26.

Die Fläche für einen Lampenmast beträgt

$$F = \frac{1600}{4} = 400 \text{ qm.}$$

Für $h = 3{,}5$ m wird

$$\frac{F}{h^2} = 32{,}5.$$

Hierfür ist

$$1 - \cos\alpha = 0{,}703 \text{ (Zahlentafel I)}$$

$$\Psi = 717 \text{ (Lichtstromtafel XII, Seite 157).}$$

Der Lampenabstand beträgt (nach Fig. 26) 20 m, die größte Längenausdehnung des Platzes $40 \cdot \sqrt{2} = 57$ m, also ist

$$\lambda = \frac{20}{57} = 0{,}35 \qquad \text{und} \qquad k = 1{,}2 - 0{,}1 \cdot 0{,}35 = 1{,}165.$$

Da eine größere Anzahl von Brennern in einer Laterne vereinigt werden muß, ist für gegenseitige Verdeckung noch der Faktor 0,8 in die Formel für die Berechnung der Lichtstärke (Seite 54) einzuführen und man erhält:

$$J_{\triangledown} \cdot z = \frac{10 \cdot 400}{2\pi \cdot 0{,}717 \cdot 1{,}165 \cdot 0{,}8} = 950 \text{ Kerzen.}$$

Die gesamte mittlere hemisphärische Lichtstärke für einen Lampenmast beträgt somit 950 Kerzen, und man kann beispielsweise für jeden Lampenmast zwei Laternen zu je fünf Brennern für je 95 Kerzen verwenden.

Bei der in Tabelle II (Seite 130) angegebenen mittleren Lichtausbeute von 770 Kerzen (hemisphärisch) für je 1000 l stündlichen Gasverbrauch sind die Brenner für ca. 125 l stündlichen Verbrauch zu bemessen. Die Wirtschaftlichkeit der Beleuchtung wird hiermit

$$\sigma = \frac{10 \cdot 125}{10 \cdot 400} = 0{,}31 \text{ l}$$

stündlicher Gasverbrauch pro Lux und Quadratmeter.

Die minimale Horizontalbeleuchtung tritt in den Ecken des Platzes (Punkt P der Fig. 26) auf. Die Entfernung PA beträgt

$$PA = 10 \cdot \sqrt{2} = 14{,}1 \text{ m}.$$

Bei $h = 3{,}5$ m wird hierfür

$$r = \sqrt{14{,}1^2 + 3{,}5^2} = 14{,}6 \qquad \cos\alpha = \frac{3{,}5}{14{,}6} = 0{,}24.$$

$$\Delta = 10 \text{ (aus Lichtstromtafel XII)}.$$

Für die mittlere hemisphärische Lichtstärke ist auch hier wegen der gegenseitigen Verdeckung

$$J_{\triangledown} = 950 \cdot 0{,}8 = 760$$

einzusetzen. So wird die von Lampe A herrührende Horizontalbeleuchtung im Punkte P

$$E_{P-A} = 760 \cdot \frac{10}{10} \cdot \frac{0{,}24}{14{,}6^2} = 0{,}86.$$

Die Entfernung PB beträgt

$$PB = \sqrt{10^2 + 30^2} = 31{,}6 \text{ m}.$$

Hierfür wird erhalten

$$r = \sqrt{31{,}6^2 + 3{,}5^2} = 31{,}8 \qquad \cos\alpha = \frac{3{,}5}{31{,}8} = 0{,}11$$

$$\Delta = 9 \text{ (aus Lichtstromtafel XII)}$$

$$E_{P-B} = 760 \cdot \frac{9}{10} \cdot \frac{0{,}11}{31{,}8^2} = 0{,}075.$$

Für die Lampe C wird

$$E_{P-C} = E_{P-B}.$$

Dagegen ist E_{P-D} zu vernachlässigen und so wird

$$E_{min} = E_{P-A} + 2\,E_{P-B} = 0{,}86 + 2 \cdot 0{,}075 = 1{,}01 \text{ Lux}.$$

Die gestellte Bedingung $E_{min} > 1$ Lux ist somit gerade noch erfüllt.

5. Beispiel: Innenbeleuchtung.

Ein Zimmer von 25 qm Bodenfläche mit mäßig heller Decke und Wänden soll durch eine Krone mit 32kerzigen

Glühlampen beleuchtet werden. Die Lampen hängen in 2,5 m Höhe über dem Erdboden und seien in Glocken eingeschlossen, die 10% des Lichtes absorbieren und die Lichtverteilung nicht wesentlich verändern. Die mittlere hemisphärische Lichtstärke einer Glühlampe mit Glocke wird dann

$$J_{\triangledown} = 32 \cdot 0{,}8 \cdot 0{,}9 = 23 \text{ Kerzen.}$$

Die mittlere Horizontalbeleuchtung in Tischhöhe (0,8 m über dem Erdboden) soll 30 Lux betragen. Die für die Krone erforderliche Glühlampenzahl sei zu berechnen.

Für $F = 25$ qm und $h = 2{,}5 - 0{,}8 = 1{,}7$ m wird

$$\frac{F}{h^2} = 8{,}65.$$

Hierfür ist

$$1 - \cos\alpha = 0{,}484 \text{ (Zahlentafel I)}$$

$$\Psi = 405 \text{ (Lichtstromtafel IV, Seite 141).}$$

Bei mäßig heller Decke und Wänden kann als Reflexionsfaktor $k = 1{,}1$ eingesetzt werden. Mit der oben (Seite 54) für die Berechnung der Lampenzahl z angegebenen Formel wird erhalten:

$$z = \frac{30 \cdot 25}{2\pi \cdot 23 \cdot 0{,}405 \cdot 1{,}1} = 11{,}7.$$

Es sind also 12 Glühlampen für die Krone erforderlich, um die verlangte Beleuchtung zu erzielen.

Die Wirtschaftlichkeit der Beleuchtung ist hier, wenn jede 32 kerzige Glühlampe 100 Watt verbraucht,

$$\sigma = \frac{12 \cdot 100}{30 \cdot 25} = 1{,}6 \text{ Watt pro Lux und Quadratmeter.}$$

Dieser ungünstige Wert für die Wirtschaftlichkeit wird teils wegen des hohen Energieverbrauches der Kohlenfadenglühlampen, teils aber auch wegen der schlechten Ausnützung des Lichtes erhalten, weil bei Glühlampen ohne Reflektoren sehr viel Licht nach den Wänden und der Decke geworfen wird. Durch Anwendung passender Reflektoren könnte man, wenn es in dem Raume nicht besonders auf Beleuchtung der Wände und Decke ankommt, die mittlere hemisphärische Lichtstärke der Lampen um etwa 40% erhöhen; außerdem würde sich dann auch Ψ für

$$1 - \cos\alpha = 0{,}484$$

bei Übergang zu Lichtstromtafel V (Seite 143) für Glühlampen mit Reflektoren auf 582 erhöhen, also auch um rund 40% gegenüber dem Werte 405 für Glühlampen ohne Reflektoren. Die mittlere Beleuchtung in Tischhöhe würde hiernach durch Anwendung der Reflektoren ungefähr gerade auf das Doppelte gesteigert oder der Energieverbrauch bei 30 Lux auf die Hälfte herabgesetzt werden.

6. Beispiel: Innenbeleuchtung.

Ein für Ausstellungszwecke bestimmter, hell gestrichener Raum von 150 qm Bodenfläche soll eine sehr reichliche Beleuchtung durch Nernst-Lampen Modell B erhalten, die über die ganze Decke gleichmäßig verteilt sind, so daß auf jedes Quadratmeter Deckenfläche eine Lampe kommt. Die Lampen seien mit Opalglasglocke ohne Reflektor unmittelbar unter der Decke in 4 m Höhe über dem Erdboden angebracht. Jede Lampe hat mit Opalglasglocke eine mittlere hemisphärische Lichtstärke von

$$J_{\triangledown} = 24 \text{ Kerzen}$$

bei 55 Watt Energieverbrauch. Die mittlere Horizontalbeleuchtung in Tischhöhe (0,8 m) soll berechnet werden.

Für

$$F = 150 \text{ qm} \quad \text{und} \quad h = 4 - 0{,}8 = 3{,}2 \text{ m}$$

wird

$$\frac{F}{h^2} = 14{,}6.$$

Hierfür ist

$$1 - \cos\alpha = 0{,}579 \text{ (Zahlentafel I).}$$

Für Nernstlampen Modell B kann, wie oben (Seite 50) erwähnt, die Lichtstromkurve als gerade Linie angenommen werden; daher wird

$$\Psi = 579.$$

Da der Raum hell gestrichen ist, soll für Decken- und Wandreflexion $k = 1{,}2$ eingesetzt werden. Es wird dann

$$E_m = \frac{2\pi \cdot 579}{150} \cdot \frac{24 \cdot 150}{1000} \cdot 1{,}2 = 105 \text{ Lux.}$$

Die Wirtschaftlichkeit dieser Beleuchtung ist

$$\sigma = \frac{150 \cdot 55}{105 \cdot 150} = 0{,}52 \text{ Watt pro Lux und Quadratmeter.}$$

Gerade diese Beleuchtungsart mit zahlreichen über den ganzen Raum verteilten Lampen entzieht sich sonst fast ganz der Vorausberechnung. Die hier auf sehr einfache Weise erzielten Rechnungsergebnisse stimmen dagegen mit der wirklich erzielten Beleuchtung sehr gut überein, wie schon mehrfach durch Messungen in derart beleuchteten Räumen festgestellt werden konnte.

7. Beispiel: Innenbeleuchtung sehr großer Räume.

Eine Bahnhofs-Halle von $80 \cdot 20 = 1600$ qm Grundfläche soll durch acht gewöhnliche Gleichstrom-Bogenlampen mit Opalglasglocken beleuchtet werden. Je zwei Lampen sollen nebeneinander im Abstande von 10 m und vier Lampen in der Längsrichtung im Abstande von je 20 m hängen. Die Aufhängehöhe sei 6 m. Die mittlere Horizontalbeleuchtung in 1,5 m Höhe über dem Erdboden soll 25 Lux betragen. Die für die Lampen erforderliche Lichtstärke und die Wirtschaftlichkeit der Beleuchtung ist zu berechnen.

Da der Raum wesentlich mehr als 1000 qm Grundfläche hat, ist diese Beleuchtung ebenso wie eine Straßenbeleuchtung zu berechnen. Der Einfluß der Wandreflexion kann hier ganz vernachlässigt werden. Da die nebeneinander hängenden Lampen nur um 10 m voneinander entfernt sind, hat man sie als zusammengehörig zu betrachten und als Fläche F hier die Fläche für zwei Lampen einzusetzen; also wird

$$F = \frac{1600}{4} = 400 \text{ qm.}$$

Für

$$h = 6 - 1{,}5 = 4{,}5 \text{ m} \qquad \text{wird} \qquad \frac{F}{h^2} = 19{,}7,$$

$$1 - \cos\alpha = 0{,}630 \text{ (Zahlentafel I),}$$

$$\Psi = 716 \text{ (Lichtstromtafel VIII, Seite 149).}$$

Der Lampenabstand in der Straßenrichtung, das heißt in diesem Falle Längsrichtung der Halle, beträgt 20 m, die Hallenbreite auch 20 m, also

$$\lambda = \frac{20}{20} = 1 \qquad \text{und} \qquad k = 1{,}2 - 0{,}1 \cdot 1 = 1{,}1.$$

So wird nach der auf Seite 54 angegebenen Formel

$$J_{\triangledown} = \frac{25 \cdot 400}{2\pi \cdot 0{,}716 \cdot 2 \cdot 1{,}1} = 1010 \text{ Kerzen.}$$

Eine mittlere hemisphärische Lichtstärke von 1010 Kerzen wird bei gewöhnlichen Gleichstrom-Bogenlampen mit Opalglasglocken in Zweischaltung bei 110 Volt 15 Ampere erhalten. Der Verbrauch für eine Lampe ist hiernach

$$55 \cdot 15 = 825 \text{ Watt.}$$

Die Wirtschaftlichkeit der Beleuchtung wird:

$$\sigma = \frac{825 \cdot 2}{25 \cdot 400} = 0{,}165 \text{ Watt pro Lux und Quadratmeter.}$$

35. Der Einfluß der Aufhängehöhe und des Lampenabstandes.

Der Einfluß der Aufhängehöhe (h) auf die Größe der Vertikalbeleuchtung (E_V) äußert sich nach der oben (Seite 36) abgeleiteten Formel

$$E_V = \frac{J \cdot a}{\sqrt{a^2 + h^2}^3}$$

in der Weise, daß mit zunehmender Aufhängehöhe die Vertikalbeleuchtung eines Punktes bei gleichbleibendem Abstand a vom Lampenfußpunkte immer kleiner wird. Man kann also um so bessere Werte der Vertikalbeleuchtung erzielen, je geringer die Aufhängehöhe gewählt wird, wenn man es mit einer annähernd gleichförmigen Lichtverteilungskurve zu tun hat.

Ganz anders gestaltet sich der Einfluß der Aufhängehöhe auf die Größe der Horizontalbeleuchtung (E_H). Derselbe ergibt sich zunächst am einfachsten aus der oben (Seite 36) abgeleiteten Formel

$$E_H = \frac{J \cdot h}{\sqrt{a^2 + h^2}^3}$$

Läßt man hier a, den Abstand des zu beleuchtenden Punktes vom Lampenfußpunkt, konstant und verändert die Aufhängehöhe h, so nimmt die Beleuchtung zunächst mit zunehmender Aufhängehöhe bis zu einem Maximalwert zu und alsdann wieder ab. Für den ins Auge gefaßten Punkt erhält man den Maximalwert der Horizontalbeleuchtung, wenn

$$h = \frac{a}{\sqrt{2}} = 0{,}707\, a$$

wie sich aus der Differentiation der Gleichung für E_H ergibt. Hierauf wurde erstmals von Uppenborn (Centralblatt für Elektrotechnik, Band II, Seite 383) hingewiesen. Diese Beziehung gilt jedoch nur, wenn die Lichtstärke J konstant ist, also unter der Voraussetzung einer gleichförmigen Lichtverteilung. Bei den praktisch vorkommenden ungleichförmigen Lichtverteilungskurven gelten dagegen andere Verhältniszahlen für die Berechnung der Aufhängehöhe, die gewählt werden muß, um für einen bestimmten Abstand die größtmögliche Horizontalbeleuchtung zu erhalten. Diese Verhältniszahlen wurden zuerst von Blondel abgeleitet, und man findet sie für elektrische Bogenlampen bei Uppenborn, Deutscher Kalender für Elektrotechniker, Jahrgang 1907, Band I, Seite 305, für Gaslampen in Schaars Kalender für das Gas- und Wasserfach (herausgegeben von Dr. E. Schilling, München), Jahrgang 1907, Band I, Seite 156.

Sehr oft wird auf Grund dieser Beziehungen die Aufhängehöhe derart gewählt, daß an dem Punkte, an dem die minimale Horizontalbeleuchtung auftritt, dieser Minimalwert möglichst groß wird; auf diesen Wert beschränkt sich dann auch meist die ganze Beleuchtungsberechnung. In manchen Fällen mag ein derartiges Berechnungsverfahren auch genügen und am Platze sein. Zumeist kommt man aber dabei nur zu sehr unvollkommenen Resultaten, wenn man weder die maximale noch die mittlere Horizontalbeleuchtung mit berücksichtigt.

Viel zweckmäßiger ist es, den Einfluß der Aufhängehöhe auf die Gleichmäßigkeit der Beleuchtung und auf die Größe der mittleren Horizontalbeleuchtung zu untersuchen und mit Rücksicht hierauf die Aufhängehöhe zu wählen. Besonders stark wird die Gleichmäßigkeit der Beleuchtung durch die Aufhängehöhe beeinflußt. Je höher die Lampen über dem Boden oder der Meßebene aufgehängt sind, desto gleichmäßiger wird die Beleuchtung, weil das Verhältnis des Maximalwertes der Horizontalbeleuchtung zum

Minimalwert immer kleiner wird. Für die Wahl der Aufhängehöhe der Lampen sind deshalb besonders die an die Gleichmäßigkeit der Beleuchtung gestellten Anforderungen maßgebend. Ferner ist dabei auch noch die Lichtstärke der anzuwendenden Lampen zu berücksichtigen. Je größer die Lichtstärke ist, desto größer muß auch die Aufhängehöhe gewählt werden, damit das Auge nicht aus geringen Entfernungen in sehr helle Lichtquellen zu sehen genötigt ist.

Auch die Größe der mittleren Horizontalbeleuchtung ist von der Aufhängehöhe abhängig. Dieselbe nimmt im Gegensatz zur minimalen Horizontalbeleuchtung mit zunehmender Aufhängehöhe in jedem Falle ab. Denn je größer die Aufhängehöhe wird, desto kleiner wird der nach der Horizontalebene gelangende Lichtstrom und damit auch die mittlere Horizontalbeleuchtung.

Ein Beispiel soll die Änderung der wichtigsten Größen bei Veränderung der Aufhängehöhe veranschaulichen:

Eine Straße von 20 m Breite werde durch Lampen von je 1000 Kerzen mittlerer hemisphärischer Lichtstärke beleuchtet. Die Lampen seien in der Straßenmitte in Abständen von je 40 m aufgehängt. Die Lichtausstrahlung der Lampen sei eine gleichförmige, mithin ihre Lichtverteilungskurve ein Kreis und ihre Lichtstromkurve eine gerade Linie. Für diese Lampenanordnung wurde bei acht verschiedenen Aufhängehöhen von 4 bis 15 m die mittlere Horizontalbeleuchtung E_m nach dem oben beschriebenen vereinfachten Verfahren und ferner die maximale und minimale Horizontalbeleuchtung (E_{max} und E_{min}) berechnet und in der nachfolgenden Tabelle V eingetragen.

Die maximale Horizontalbeleuchtung wird bei gleichförmiger Lichtverteilung unmittelbar unter der Lampe erhalten und nimmt nahezu umgekehrt proportional mit dem Quadrat der Aufhängehöhe ab. Die minimale Horizontalbeleuchtung wächst dagegen mit zunehmender Aufhängehöhe und hat auch bei der praktisch nicht mehr in Frage kommenden Aufhängehöhe von 15 m ihren größten Wert noch nicht erreicht. Die mittlere Horizontalbeleuchtung nimmt mit zunehmender Aufhängehöhe ab, aber nur etwa umgekehrt proportional mit der Quadratwurzel aus der Aufhängehöhe. Aus der letzten Spalte der Tabelle V, die das Verhältnis des Maximalwerts zum

Minimalwert enthält, kann die Gleichmäßigkeit der Beleuchtung beurteilt werden. Wie daraus zu ersehen ist, hängt die Gleichmäßigkeit in hohem Maße von der Aufhängehöhe ab. In dem gewählten Beispiele wären Aufhängehöhen unter 6 m wegen zu geringer Gleichmäßigkeit zur praktischen Anwendung nicht zu empfehlen, wärend bei Aufhängehöhen über 10 m die mittlere Horizontalbeleuchtung zu sehr durch die große Aufhängehöhe beeinträchtigt würde. Innerhalb dieses Bereiches wäre hier die praktisch auszuführende Aufhängehöhe zu wählen. In dieser Weise kann man durch einige Proberechnungen sich für die Wahl einer Aufhängehöhe entscheiden, die sowohl hinsichtlich der Gleichmäßigkeit wie auch für die mittlere Horizontalbeleuchtung noch günstige Resultate liefert. Im allgemeinen wird man sich allerdings an durch frühere Ausführungen bewährte Zahlen für die Wahl der Aufhängehöhe halten, wie sie Seite 73 u. 74 angegeben sind.

Tabelle V.

Beispiel für den Einfluß der Aufhängehöhe.

Aufhängehöhe h	Horizontalbeleuchtung			Gleichmäßigkeit
	E_{mittel}	E_{max}	E_{min}	$\frac{E_{max}}{E_{min}}$
4	5,95	62,5	0,7	89
6	5,1	28,0	1,0	28
8	4,35	15,8	1,2	13,2
10	3,7	10,2	1,35	7,6
12	3,15	7,1	1,45	4,9
15	2,45	4,65	1,55	3,0

Umgekehrt wie die Aufhängehöhe wirkt die Wahl des Lampenabstands hauptsächlich auf die Größe der mittleren Horizontalbeleuchtung ein, in zweiter Linie aber auch auf die Gleichmäßigkeit der Beleuchtung. Das obige Beispiel ist in der nachfolgenden Tabelle VI für verschiedene Lampenabstände von 20 bis 80 m bei gleichbleibender Aufhängehöhe von 8 m unter Beibehaltung der übrigen Daten durchgerechnet und zeigt deutlich den Einfluß des Lampenabstandes auf die einzelnen Größen.

Tabelle VI.

Beispiel für den Einfluß des Lampenabstandes.

Lampen-abstand a	Horizontalbeleuchtung E_{mittel}	E_{max}	E_{min}	Gleichmäßigkeit $\frac{E_{max}}{E_{min}}$
20	7,95	17,2	4,2	4,1
30	6,0	16,1	2,3	7,0
40	4,35	15,8	1,2	13,2
50	3,55	15,7	0,7	22,5
60	2,95	15,7	0,45	35
70	2,45	15,7	0,3	52,5
80	2,1	15,6	0,2	78

Die mittlere Horizontalbeleuchtung nimmt hier annähernd umgekehrt proportional mit dem Lampenabstand ab. Die maximale Horizontalbeleuchtung ändert sich nur in geringem Maße; dagegen nimmt die minimale Horizontalbeleuchtung mit zunehmendem Lampenabstand sehr rasch ab und daher ebenso auch die Gleichmäßigkeit der Beleuchtung, wie aus dem Verhältnis des Maximalwerts zum Minimalwerte zu entnehmen ist.

36. Praktische Zahlenwerte für Aufhängehöhe und Lampenabstand.

Im praktischen Gebrauche werden bei der Straßenbeleuchtung mit stehendem Gasglühlicht und mit elektrischen Glühlampen die Lichtquellen in 3 bis 4 m Höhe über dem Erdboden und in Abständen von 25 bis 50 m (in der Straßenrichtung gemessen) angebracht. Bei hängendem Gasglühlicht müssen die Lichtquellen wegen der hauptsächlich nach unten gerichteten Lichtausstrahlung im Interesse der Gleichmäßigkeit der Beleuchtung etwas höher angebracht werden, und zwar wählt man im allgemeinen etwa 4 bis 6 m Aufhängehöhe, während der Lampenabstand etwas kleiner als bei stehendem Gasglühlicht ist. Eine Höhe von 5 bis 6 m über dem Erdboden wird auch bei den mit Preßgas betriebenen Starklicht-Gasbrennern (Millennium-Licht, Selas-Licht, Pharos-Licht) meist angewandt; der Lampenabstand ist dabei etwa 40 bis 60 m in der Straßenrichtung.

Die Straßenbeleuchtung mit elektrischen Bogenlampen wird fast allgemein mit größerer Gleichmäßigkeit der Beleuchtung ausgeführt als diejenige mit Gas. Man wählt die Aufhängehöhe der Bogenlampen zu 6 bis 12 m über dem Erdboden und den Lampenabstand zu 30 bis 80 m in der Straßenrichtung. Bei der Beleuchtung durch Intensiv-Flammenbogenlampen, die ihr Licht hauptsächlich unmittelbar nach unten ausstrahlen, wählt man die Aufhängehöhe etwas höher als bei gewöhnlichen Bogenlampen, etwa zu 8 bis 14 m über dem Erdboden. Sollen große Plätze von wenigen Masten aus beleuchtet werden, so wählt man größere Aufhängehöhen, etwa 10 bis 15 m bei gewöhnlichen Bogenlampen und 12 bis 18 m bei Intensiv-Flammenbogenlampen, um am Rande des Platzes noch genügende Minimalwerte der Beleuchtung zu erhalten.

Für die Beleuchtung von Innenräumen lassen sich keine bestimmten Angaben für die zu wählende Aufhängehöhe und den Abstand der Beleuchtungskörper bei verschiedenen Beleuchtungsarten aufstellen. Hier hat man sich nach der Gestaltung des Innenraumes, seinen Dimensionen und den Verwendungszwecken, denen er dienen soll, zu richten. Die Aufhängehöhe der Beleuchtungskörper in Innenräumen wird oft zu $^2/_3$ der gesamten Höhe des Raumes gewählt.

Die Gleichmäßigkeit der Beleuchtung bewegt sich in der Praxis in sehr weiten Grenzen. Anhaltspunkte hierfür gibt die Zusammenstellung von Beleuchtungsmessungen (Tabelle XI und XII, Seite 104 u. 105), in der auch das für die Gleichmäßigkeit maßgebende Verhältnis der maximalen zur minimalen Horizontalbeleuchtung eingetragen ist.

37. Praktische Zahlenwerte für die mittlere Horizontalbeleuchtung.

Bei Beleuchtungsberechnungen ist in den meisten Fällen eine bestimmte erforderliche mittlere Horizontalbeleuchtung im voraus festzulegen und hierfür die Anordnung der Beleuchtung zu berechnen oder es ist nachzurechnen, ob bei einer gegebenen Anordnung eine bestimmte verlangte mittlere Horizontalbeleuchtung erreicht wird. In jedem Falle sind Anhaltspunkte über die praktisch gebräuchlichen Werte der mittleren Horizontalbeleuchtung erforderlich und diese sollen im folgenden gegeben werden.

Bei Straßenbeleuchtung richtet sich die Höhe der gebräuchlichen mittleren Horizontalbeleuchtung nach der Lage der Straße und dem daselbst herrschenden Verkehr. Bei Nebenstraßen mit schwachem Verkehr begnügt man sich mit einer mittleren Horizontalbeleuchtung von 0,5 bis 1 Lux in 1,5 m Höhe über dem Erdboden; dabei können jedoch nur in nächster Nähe der Laternen Gegenstände deutlich gesehen werden. In Nebenstraßen mit stärkerem Verkehr ist eine mittlere Horizontalbeleuchtung von 1,5 bis 3 Lux und in Hauptstraßen mit starkem Verkehr eine solche von 3 bis 6 Lux erforderlich. Ausnahmsweise geht man bei besonders starkem Verkehr zu noch höheren Werten. So ist die Königstraße in Berlin durch Preßgas (Millenniumlicht) mit einer mittleren Horizontalbeleuchtung von ca. 12 Lux beleuchtet; ebenda ist auf dem Potsdamer Platz durch Intensiv-Flammenbogenlampen eine mittlere Horizontalbeleuchtung von ca. 19 Lux erreicht. Nähere Angaben hierüber sowie über weitere Messungen der Berliner Straßenbeleuchtung sind in der Tabelle XI (Seite 104) enthalten. Ferner sind auch schon früher von Prof. Drehschmidt Messungen der Berliner Straßenbeleuchtung ausgeführt und veröffentlicht worden. Siehe hierzu dessen Aufsätze: Journal für Gasbeleuchtung 1903, Seite 758, und 1906, Seite 770.

Die Größe der mittleren Horizontalbeleuchtung für Innenräume richtet sich hauptsächlich nach dem in Betracht kommenden Verwendungszweck. Nähere Angaben für verschiedene Arten von Innenräumen sind am Schlusse des Buches in Tabelle VII (Seite 132) gegeben. Wenn in dieser Zusammenstellung die für Wohnräume angegebenen Werte auffallend niedrig erscheinen, so ist dabei zu bedenken, daß es sich hier um die mittlere Horizontalbeleuchtung des ganzen Raumes handelt. Die Horizontalbeleuchtung auf den Tischen unterhalb der Beleuchtungskörper fällt dabei natürlich wesentlich höher aus.

38. Praktische Zahlenwerte für die Wirtschaftlichkeit der gebräuchlichsten Beleuchtungsarten.

Wie schon oben (Seite 34) erwähnt wurde, läßt sich die Wirtschaftlichkeit (σ) der verschiedenen Beleuchtungsarten auf Grund des Energieverbrauchs für 1 Lux mittlere Horizontalbeleuchtung und 1 qm Bodenfläche beurteilen. Dieser Wert kann in folgender Weise unmittelbar berechnet werden:

Wie oben (Seite 52) abgeleitet wurde, ist die mittlere Horizontalbeleuchtung

$$E_m = \frac{2\pi\Psi}{F} \cdot \frac{J_{\triangledown} \cdot z}{1000} \cdot k$$

worin die einzelnen Größen die oben angegebene Bedeutung haben. Ist A der Verbrauch für eine Lampe, wobei an einem Lampenmast oder Beleuchtungskörper z Lampen vereinigt sind, und ist

$$\eta = \frac{A}{J_{\triangledown}}$$

die auf die mittlere hemisphärische Lichtstärke bezogene Ökonomie dieser Lampe, so erhält man für die Wirtschaftlichkeit

$$\sigma = \frac{z \cdot A}{E_m \cdot F} = \frac{z \cdot A \cdot F}{2\pi\Psi \cdot \frac{J_{\triangledown} \cdot z}{1000} \cdot k \cdot F} = \frac{\eta}{2\pi \cdot \frac{\Psi}{1000} \cdot k}$$

Hieraus ergibt sich, daß die Wirtschaftlichkeit der Beleuchtung außer von der Ökonomie der angewandten Lichtquellen auch noch von deren Anordnung und von der Art der zu beleuchtenden Fläche abhängig ist, was durch die Werte von Ψ und k zum Ausdruck kommt. Je nach der Größe von η, Ψ und k wird man verschiedene Werte für die Wirtschaftlichkeit der einzelnen Beleuchtungsarten erhalten. Dieselben werden sich jedoch im allgemeinen für jede Beleuchtungsart nur innerhalb bestimmter Grenzen bewegen. Für die gebräuchlichsten Beleuchtungsarten sind am Schlusse des Buches in Tabelle VIII (Seite 133) die aus Berechnungs- und Messungsergebnissen erhaltenen Grenzwerte der Wirtschaftlichkeit zusammengestellt.

39. Vergleich der Kosten verschiedener Beleuchtungsarten.

Der Wert der Wirtschaftlichkeit kann in erster Reihe dazu dienen, die Kosten verschiedener Beleuchtungsarten miteinander zu vergleichen, wobei jedoch nur die Kosten für den Energieverbrauch (elektrische Energie, Gas, flüssige Brennstoffe) und nicht die Nebenkosten (Glühlampenersatz, Bogenlichtkohlen, Glühstrümpfe, Zylinder, Reinigung u. a.) berücksichtigt sind.

Es habe zum Beispiel die Durchrechnung eines Beleuchtungsprojektes mit elektrischer Beleuchtung einen Verbrauch von 0,30 Watt pro Lux und Quadratmeter und eine Vergleichsrechnung für Gasbeleuchtung einen stündlichen Gasverbrauch von 0,45 Liter pro Lux und Quadratmeter ergeben; der Preis einer Kilowattstunde sei 40 Pf. und der Preis eines Kubikmeters Gas sei 16 Pf. Man erhält dann folgendes Verhältnis für die Energiekosten der beiden Beleuchtungsarten:

$$\frac{\text{Elektrische Beleuchtung}}{\text{Gasbeleuchtung}} = \frac{0{,}3 \cdot 40}{0{,}45 \cdot 16} = \frac{12}{7{,}2} = \frac{1}{0{,}6}.$$

Die Energiekosten sind hiernach im vorliegenden Falle bei den zugrunde gelegten Einheitspreisen für Gasbeleuchtung um 40% geringer als für elektrische Beleuchtung.

Soll der Vergleich der Wirtschaftlichkeit zweier Beleuchtungsarten nicht für fest bestimmte Einheitspreise durchgeführt werden, sondern für beliebige Einheitspreise Geltung haben, so kann man die Abhängigkeit des Verhältnisses der Energiekosten von dem Verhältnis der Einheitspreise graphisch durch eine gerade Linie darstellen. Als Beispiel hierfür soll der Vergleich einer Straßenbeleuchtung durch elektrisches Bogenlicht mit einer solchen durch Preßgasglühlicht dienen, wie er in dem Aufsatze des Verfassers „Vergleichende Beurteilung moderner Straßenbeleuchtungen“ (Journal für Gasbeleuchtung, 1906, Seite 93, E. T. Z. 1906, Seite 843) durchgeführt wurde. Die Bogenlichtbeleuchtung hatte einen Verbrauch von 0,18 Watt pro Lux und Quadratmeter, die Preßgasbeleuchtung einen stündlichen Gasverbrauch von 0,50 Liter pro Lux und Quadratmeter ergeben. Diese Zahlenwerte führen zu der in Fig. 27 gezeichneten Darstellung für das Verhältnis der Stromkosten zu den Gaskosten in Abhängigkeit von dem Verhältnis des Preises einer Kilowattstunde zum Preise eines Kubikmeters Gas. Wie aus dieser Darstellung hervorgeht, betragen bei gleichem Strom- und Gaspreise (beispielsweise 12 Pf. pro Kilowattstunde

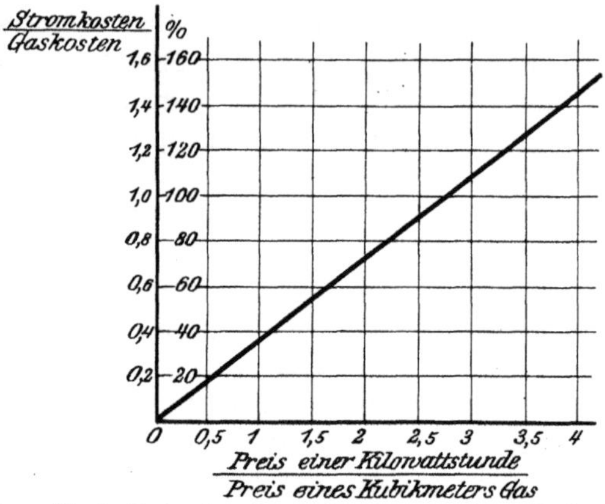

Fig. 27. Verhältnis der Stromkosten zu den Gaskosten bei gleicher Beleuchtung und gleicher zu beleuchtender Fläche. Elektrische Beleuchtung: Gewöhnliche Bogenlampen in 10 m Höhe. Gasbeleuchtung: Millenniumlicht in 5,7 m Höhe.

und pro Kubikmeter Gas) die Stromkosten $36\,^0/_0$ der Gaskosten; dagegen kann für gleiche Strom- und Gaskosten der Strompreis das 2,75fache des Gaspreises betragen, also beispielsweise 33 Pf. pro Kilowattstunde bei einem Gaspreise von 12 Pf. pro Kubikmeter.

40. Überschlägliche Beleuchtungsberechnung.

Die in der Tabelle VIII (Seite 133) angegebenen Zahlenwerte für die Wirtschaftlichkeit der gebräuchlichsten Beleuchtungsarten können auch zu überschläglichen Beleuchtungsberechnungen Verwendung finden, wenn die Zeit fehlt oder es sich nicht lohnt, eine genauere Beleuchtungsberechnung in der Art, wie sie oben behandelt wurde, durchzuführen.

Ist die erforderliche mittlere Horizontalbeleuchtung E_m und die gesamte Größe der zu beleuchtenden Fläche F gegeben, so ergibt sich aus der Wirtschaftlichkeit

$$\sigma = \frac{A}{E_m \cdot F}$$

der Verbrauch pro 1 qm als

$$\frac{A}{F} = \sigma \cdot E_m$$

und der Gesamtverbrauch für die Fläche F als

$$\boldsymbol{A = \sigma \cdot E_m \cdot F}.$$

Umgekehrt kann auch aus dem Energieverbrauch A der installierten Lampen, der Größe der Bodenfläche F und der Wirtschaftlichkeit σ die zu erwartende mittlere Horizontalbeleuchtung berechnet werden als

$$\boldsymbol{E_m = \frac{A}{\sigma \cdot F}}.$$

Soll zum Beispiel ein Bureau-Raum von 50 qm Bodenfläche mit Metallfaden-Glühlampen für je 30 Watt Energieverbrauch beleuchtet werden, so ergibt sich zunächst aus Tabelle VII (Seite 132), daß eine mittlere Horizontalbeleuchtung von ungefähr 40 Lux erforderlich ist. Weiter ergibt sich aus Tabelle VIII (Seite 133) für die Wirtschaftlichkeit der Metallfaden-Glühlampenbeleuchtung in Innenräumen ein Wert von ungefähr 0,30 Watt pro Lux und Quadratmeter und so erhält man einen Gesamtverbrauch

$$A = 0{,}3 \cdot 40 \cdot 50 = 600 \text{ Watt}.$$

Hiernach werden ungefähr 20 Metallfaden-Glühlampen für 30 Watt in dem Raume erforderlich sein.

Ein weiteres Beispiel soll aus dem Gebiete der Straßenbeleuchtung gewählt werden. In einer Straße von 18 m Breite sind auf beiden Seiten am Rande des Bürgersteigs in je 30 m Abstand Laternen mit zwei stehenden Gasglühlichtbrennern zu je 125 Liter stündlichem Gasverbrauch aufgestellt. Die mittlere Horizontalbeleuchtung dieser Straße soll annähernd berechnet werden. Für die Wirtschaftlichkeit der Straßenbeleuchtung mit stehendem Gasglühlicht ergibt sich aus Tabelle VIII (Seite 133) ein Mittelwert von 0,5 Liter stündlichem Gasverbrauch pro Lux und Quadratmeter. Die auf eine Laterne entfallende Straßenfläche ist

$$F = 9 \cdot 30 = 270 \text{ qm}$$

und der stündliche Gasverbrauch A ist für jede Laterne 250 Liter.

Hiernach ist die mittlere Horizontalbeleuchtung der Straße:

$$E_m = \frac{250}{0{,}5 \cdot 270} = 1{,}85 \text{ Lux.}$$

Wie hoch man für derartige überschlägliche Berechnungen den Wert der Wirtschaftlichkeit der verschiedenen Beleuchtungsarten zwischen den in Tabelle VIII (Seite 133) angegebenen Grenzwerten zu wählen hat, richtet sich in erster Reihe nach der Ökonomie der anzuwendenden Lampen und dann auch nach der voraussichtlichen Aufhängehöhe; ferner wählt man bei Innenbeleuchtung für kleine und dunkel gestrichene Räume höhere Werte, für große und hell gestrichene Räume niedrigere Werte des Verbrauches pro Lux und Quadratmeter innerhalb der angegebenen Grenzwerte. Sind keine näheren Anhaltspunkte bekannt, so halte man sich an die Mittelwerte zwischen den beiden Grenzwerten. Für die in der Tabelle VIII nicht besonders aufgeführten Beleuchtungsarten ergibt sich die Wirtschaftlichkeit annähernd aus dem Vergleich der Ökonomie der betreffenden Lichtquellen mit gebräuchlichen Lichtquellen von ähnlicher Lichtstärke und Lichtverteilung, wozu die Tabellen I—III (Seite 130 u. 131) benützt werden können.

V. Abschnitt.

Die Messung der Beleuchtung.

41. Photometer für Beleuchtungsmessungen.

Soll mit einem der gebräuchlichen Photometer eine Lichtquelle von unbekannter Lichtstärke gemessen werden, so wird dieselbe mit einer Lichtquelle von bekannter Lichtstärke verglichen. Tatsächlich vergleicht man hierbei nicht die beiden Lichtstärken selbst, sondern die von den beiden Lichtquellen in bekannten Entfernungen hervorgerufenen Beleuchtungen und berechnet dann aus der bekannten Lichtstärke und den Entfernungen die Größe der unbekannten Lichtstärke. Man kann daher alle Photometer, die auf diesem Prinzip beruhen und für Messungen der Lichtstärke gebraucht werden, auch zur Messung der Beleuchtung benützen, sobald es möglich ist, diejenige Fläche des Photometers, die sonst von der Lichtquelle mit unbekannter Lichtstärke beleuchtet wird, an die Stelle zu bringen, deren Beleuchtung gemessen werden soll. Bei einem gewöhnlichen Bunsenschen oder Lummer-Brodhunschen Photometer, das auf einer Photometerbank verschoben wird, ist dies natürlich nicht möglich, weil die Photometerbank im allgemeinen nicht transportabel und nicht in beliebige Lage zu bringen ist.

Andere Photometer von kompendiöserem Aufbau gestatten dagegen die Benützung zu Beleuchtungsmessungen unmittelbar, so zum Beispiel das Photometer von L. Weber oder das Universal-Photometer von Blondel und Broca. Ein einfacheres Instrument, das in erster Linie zu Beleuchtungsmessungen bestimmt ist, ist der Beleuchtungsmesser von Martens. Eine nähere Beschreibung dieser und noch anderer zu Beleuchtungsmessungen geeigneter Photometer soll hier nicht gegeben werden, da sie in der Fachliteratur schon genügend ausführlich behandelt sind, zum Beispiel in: Uppenborn, Deutscher Kalender für Elektrotechniker, Jahrgang 1907, Teil II, Seite 115.

Erwähnt sei hier noch das gleichfalls besonders für Beleuchtungsmessungen gebaute Brodhunsche Straßenphotometer, das zu den weiter unten beschriebenen Beleuchtungsmessungen Anwendung fand. Dies Instrument beruht auf der von Prof. Brodhun angegebenen Sektoren-Meßvorrichtung, mittels deren die Lichtstärke der Vergleichslichtquelle durch einen verstellbaren Sektor und rotierende Prismen meßbar geschwächt werden kann. Siehe hierzu: Brodhun, „Meßbare Lichtschwächung durch rotierende Prismen und ruhenden Sektor" (Zeitschrift für Instrumentenkunde, 1907, Seite 8). Das Instrument wird von der Firma Franz Schmidt & Haensch in Berlin ausgeführt und hat durch deren Physiker Bechstein im Laufe der letzten Jahre noch wesentliche Verbesserungen erfahren, wie aus dessen Aufsatz: „Photometer mit proportionaler Teilung und dezimal erweitertem Meßbereich" (Zeitschrift für Instrumentenkunde, 1907, Seite 178) zu ersehen ist.

Bei allen Photometern für Beleuchtungsmessungen empfiehlt es sich, eine kleine elektrische Glühlampe als Vergleichslichtquelle an Stelle der oft vorhandenen Benzinflamme anzuwenden. Denn die letztere brennt zwar in einem geschlossenen Photometerraum befriedigend ruhig; dagegen kann man bei Messungen in manchen Innenräumen und besonders im Freien ein genügend ruhiges Brennen nicht mehr erzielen und erhält dann keine zuverlässigen Meßresultate. Als Vergleichsglühlampen eignen sich kleine Osmium- oder Osram-Lampen, weil diese infolge ihres besonders geringen Energieverbrauchs den sie speisenden Akkumulator nur wenig beanspruchen, so daß derselbe seine Spannung sehr lange aufrecht erhalten kann. Es empfiehlt sich übrigens, nicht die Spannung an der Glühlampe konstant zu halten, sondern deren Strom, da man in diesem Falle die durch unkontrollierbare Übergangswiderstände hervorgebrachten, oft beträchtlichen Fehler vermeidet.

Die für Beleuchtungsmessungen gebräuchlichen Photometer ergeben die gesuchte Beleuchtung aus der Photometerablesung mit Hilfe einer experimentellen Konstanten; diese wird durch

Messung der Beleuchtung ermittelt, welche eine in gemessenem Abstand aufgestellte Normal-Lichtquelle von bekannter Lichtstärke auf dem Photometerschirm hervorruft. Diese Konstante sollte öfters neu festgestellt werden, da sie im allgemeinen nicht dauernd unverändert bleibt, besonders wenn das Photometer häufig zu Beleuchtungsmessungen im Freien Verwendung findet.

Fig. 28. Meßwagen für Straßenbeleuchtungsmessungen.

Soll ein Photometer hauptsächlich zu Beleuchtungsmessungen dienen, so empfiehlt es sich, das Instrument mit allem Zubehör auf einem kleinen Meßwagen anzuordnen, so daß man bequem und rasch von einem Meßpunkt zum andern gelangen kann. Fig. 28 zeigt eine derartige Anordnung auf einem Wagen für Straßenbeleuchtungsmessungen, wie er für die weiter unten beschriebenen Beleuchtungsmessungen von der Versuchsstelle der Berliner Elektrizitäts-Werke benützt wurde. Das Photometer selbst ist ein Brodhunsches Straßenphotometer in einer Ausführungsform, die vom Verfasser in E. T. Z., 1905, Seite 1051, näher beschrieben wurde. Rechts vom Photometer ist das Amperemeter und dahinter ein kleiner Regulierwiderstand zum Konstanthalten der Stromstärke der Vergleichs-Osmiumlampe angeordnet. Links vom Photometer befindet sich ein Schalter und Regulierwiderstand für den Photometermotor zum Antrieb der rotierenden Prismen und außerdem noch ein Schalter für die Beleuchtung der Amperemeter- und Photometer-Skala durch kleine Osmium-Lampen. Zwei Akkumulatoren für 6 Volt, die den Photometermotor, die Skalenbeleuchtung und die Vergleichslampe mit Strom versorgen, sind in dem Wagenkasten untergebracht. Das Photometer und alles Zubehör kann gegen Regen und beim Transport durch das in der Fig. 28 heruntergeklappte Verdeck geschützt werden.

Soll ein derartiger Photometerwagen für Straßen- und Innenbeleuchtungsmessungen benützbar sein, so empfiehlt es sich, das Photometer auf einem in der Höhe verschiebbaren Stativ anzubringen, damit die Beleuchtung sowohl in 1,5 m, wie auch in 1 bis 0,8 m Höhe über dem Boden gemessen werden kann.

42. Allgemeines über die Ausführung und Verwertung von Beleuchtungsmessungen.

Die Vornahme von Beleuchtungsmessungen an praktisch ausgeführten Beleuchtungsanlagen empfiehlt sich hauptsächlich aus zwei Gründen. Einmal erhält man durch solche Messungen ein objektives Urteil über die Stärke der erzielten Beleuchtung, über welche man sich oft sehr täuschen kann, wenn man nur dem bloßen Augenscheine nach urteilt. Da über die für verschiedene Verwendungszwecke erforderliche Beleuchtung meist Anhaltspunkte gegeben sind (vergleiche Tabelle VII, Seite 132), so ergibt die Beleuchtungsmessung die Entscheidung, ob die ausgeführte Beleuchtung den billigerweise zu stellenden Anforderungen genügt. Dann aber erhält man auch durch Beleuchtungsmessungen wertvolles Material für die Projektierung und Ausführung von neuen Beleuchtungsanlagen ähnlicher Art.

Diese Gesichtspunkte muß man sich bei der Vornahme von Beleuchtungsmessungen vor Augen halten und die Messungen so ausführen, daß der beabsichtigte Zweck auch wirklich erfüllt wird. Hierfür genügt es nicht, an einzelnen beliebig gewählten Punkten die Beleuchtung einer horizontalen oder auch einer vertikalen Ebene zu messen, sondern man muß die Meßpunkte von vornherein so wählen und die Messung so ausführen, daß auf Grund derselben eine Beurteilung der Beleuchtung möglich ist. Wie oben (Seite 27 bis 31) ausführlich behandelt wurde, erfolgt die Beurteilung der meisten Beleuchtungsarten zweckmäßigerweise in erster Reihe auf Grund des Wertes der mittleren Horizontalbeleuchtung. Da es unmöglich ist, die mittlere Horizontalbeleuchtung unmittelbar zu messen, so muß die Beleuchtungsmessung durch entsprechende Verwertung der Messungsergebnisse die mittlere Horizontalbeleuchtung zu ermitteln gestatten. Da für die Beurteilung der Beleuchtung auch noch deren Gleichmäßigkeit (siehe oben Seite 32) in Betracht kommt, so müssen aus der Messung auch die dafür maßgebenden Maximal- und Minimalwerte der Horizontalbeleuchtung zu entnehmen sein.

Wird auch auf die Kenntnis der Vertikalbeleuchtung Wert gelegt, so ist auch diese zu messen und zwar zweckmäßig an denselben Stellen wie die Horizontalbeleuchtung. Für die Messung der Vertikalbeleuchtung ist auch die Zahl und die Richtung der Vertikalebenen von vornherein festzulegen, in denen die Vertikalbeleuchtung an jedem Meßpunkte gemessen werden soll.

Es soll nunmehr gezeigt werden, wie die Beleuchtungsmessungen zweckmäßig auszuführen sind, um daraus die mittlere Horizontalbeleuchtung erhalten zu können. Hierfür soll für Straßen- und Innenbeleuchtung an Hand von Beispielen zunächst ein genaues Verfahren besprochen und im Anschluß daran ein auf experimenteller Grundlage aufgebautes Näherungsverfahren angegeben werden.

43. Die Messung der Straßenbeleuchtung.

Am einfachsten kann man durch die Beleuchtungsmessung ein Bild von der Verteilung der Beleuchtung über die ganze Straßen- oder Platzfläche erhalten und die mittlere Horizontalbeleuchtung auswerten, wenn man die Fläche in einzelne Rechtecke oder Quadrate einteilt und für jeden Rechteckmittelpunkt die Horizontalbeleuchtung mißt, also in gleicher Weise vorgeht, wie es oben (Seite 42) für die Berechnung der mittleren Horizontalbeleuchtung beschrieben wurde. Um von Zufälligkeiten freie Meßresultate zu erhalten, wird man in diesem Falle die Rechteckeinteilung und die Beleuchtungsmessung über 2 bis 3 Lampenabstände ausdehnen müssen. Hierdurch wird dies Meßverfahren ziemlich umständlich, und in vielen Fällen wird es auch nicht leicht möglich sein, die Beleuchtungsmessung an allen vorgezeichneten Stellen auf der Straße auszuführen.

Die Beleuchtungsmessung läßt sich einfacher ausführen, wenn man sie auf wenige Meßlinien beschränkt und nicht über die ganze Straßenfläche ausdehnt. Man kann auch dann aus den Messungsergebnissen die mittlere Horizontalbeleuchtung erhalten, wie weiter unten gezeigt werden soll. Die Hauptmeßlinie wählt man am besten in der Verbindungslinie der Lampen in der Straßenrichtung; außerdem kann man noch eine zweite, hierzu parallele Meßlinie seitlich von den Lampen annehmen und zwar am Rande des Bürgersteigs, wenn die Lampen über der Straßenmitte aufgehängt sind, oder in der Mitte der Straße, wenn die Lampen sich am Rande des Bürgersteigs befinden. Die Zahl der Meßpunkte auf einer Meßlinie zwischen zwei Lampen wählt man zu etwa 8 bis 12, um einerseits den Verlauf der Beleuchtung in einer Kurve einigermaßen genau aufzeichnen zu können und andrerseits die Meßarbeit nicht allzu sehr ausdehnen zu müssen. Mit der Messung über einen Lampenabstand sollte man sich nie begnügen, sondern womöglich für 2 bis 3 Lampenabstände die Messung ausführen, weil dieselbe sonst allzu leicht unrichtige Zufallswerte ergibt, zum Beispiel infolge abnormalen Zustandes einer Lampe, störenden Schattenwirkungen und ähnlichem. Bei annähernd gleichen Lampenabständen kann man dann den Mittelwert aus den einzelnen gemessenen Werten für die gleichliegenden Meßpunkte nehmen. Bei verschieden großen Lampenabständen muß man die einzelnen Lampenabstände bei der weiteren Verwertung der Beleuchtungsmessung jeden für sich behandeln.

44. Beispiel für eine Straßenbeleuchtungsmessung und deren Verwertung.

Wie die Verwertung der Beleuchtungsmessung zweckmäßig erfolgt, soll an einem Beispiel gezeigt und hierzu die Messung der elektrischen Beleuchtung der Friedrichstraße in Berlin gewählt werden. (Siehe hierzu den Aufsatz des Verf. „Vergleichende Beurteilung moderner Straßenbeleuchtungen", Journal für Gasbeleuchtung, 1906, Seite 90). Daselbst sind gewöhnliche Gleichstrom-Bogenlampen für 15 Ampere Stromstärke mit Opalglasglocken in ca. 10 m Höhe

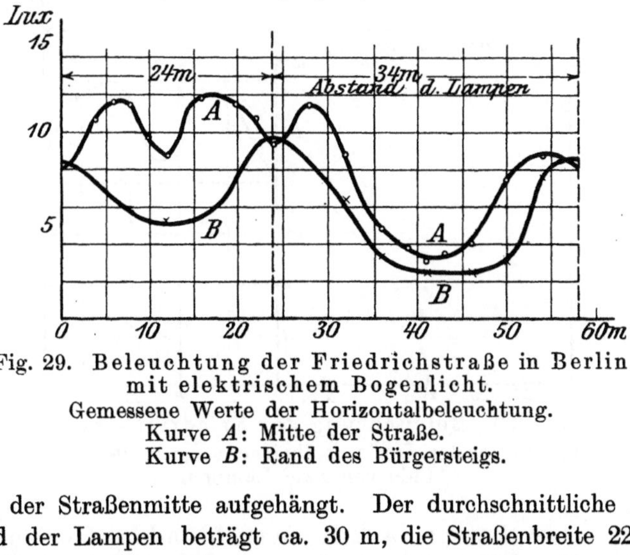

Fig. 29. Beleuchtung der Friedrichstraße in Berlin mit elektrischem Bogenlicht.
Gemessene Werte der Horizontalbeleuchtung.
Kurve *A*: Mitte der Straße.
Kurve *B*: Rand des Bürgersteigs.

über der Straßenmitte aufgehängt. Der durchschnittliche Abstand der Lampen beträgt ca. 30 m, die Straßenbreite 22 m. Die Horizontalbeleuchtung wurde in 1,5 m Höhe über dem Erdboden in der Verbindungslinie der Lampen in der Straßenmitte und auf einer dazu parallelen Meßlinie am Rande des Bürgersteigs gemessen. Die Messung wurde über zwei Lampenabstände von 24 m und 34 m ausgedehnt. Aus den gemessenen Werten wurden die Kurven der Horizontalbeleuchtung auf den beiden Meßlinien erhalten, wie sie in Fig. 29 aufgezeichnet sind. Diese Kurven geben die Möglichkeit, die Beleuchtungsverteilung über die ganze Straße und damit die mittlere Horizontalbeleuchtung zu erhalten, wie an Hand des für die Straßenmitte und den Lampenabstand von 24 m geltenden linken

Teiles der Kurve *A* (Fig. 29) gezeigt werden soll; derselbe ist in Fig. 30 nochmals besonders herausgezeichnet. Ebenda ist auch die Stellung der benachbarten für die weitere Berechnung hier in Betracht kommenden Lampen I, II und III eingetragen. Für den Abstand der Lampe III von Lampe I ist der mittlere Lampenabstand von 30 m angenommen worden.

Für die weitere Verwertung der Beleuchtungsmessung kommt es zunächst darauf an, den Verlauf der Kurve der

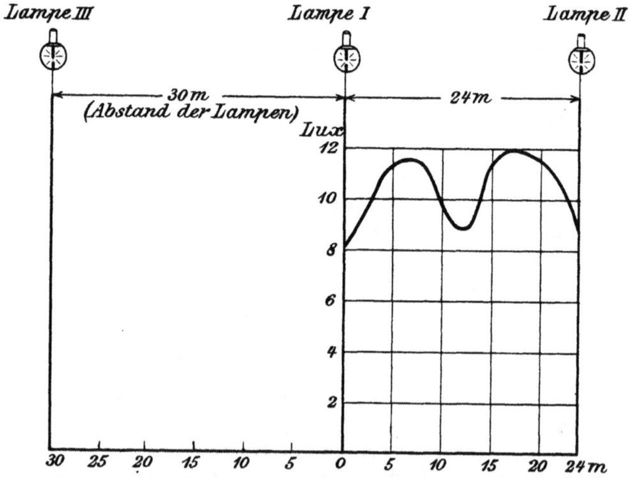

Fig. 30. Beleuchtung der Friedrichstraße.
Gemessene Werte der Horizontalbeleuchtung in der Verbindungslinie von zwei Lampen.

von einer Lampe allein herrührenden Horizontalbeleuchtung festzustellen. Zu diesem Zwecke bedient man sich zunächst einer Hilfskurve, die aus der Lichtverteilungskurve einer ähnlichen Lampe abgeleitet ist, wie sie bei der untersuchten Beleuchtung benutzt wird; es genügt hierbei eine dem Charakter nach ähnliche Lichtverteilungskurve, während die absolute Lichtstärke derselben ganz beliebig gewählt werden kann. Da im vorliegenden Falle die Beleuchtung durch gewöhnliche Bogenlampen mit Opalglasglocken erfolgt, so ist der Hilfskurve die Normal-Lichtverteilungskurve derartiger Bogenlampen für eine mittlere hemisphärische Lichtstärke von 1000 Kerzen (Fig. 20 Seite 148) zugrunde gelegt. Aus dieser

Kurve werden für die in der Friedrichstraße vorhandene Lampenhöhe h von 8,5 m über der Meßebene, die sich in 1,5 m Höhe über dem Erdboden befand, und für eine Anzahl verschiedener Abstände a (von 0 bis 42 m) vom Fußpunkt der Lampe die entsprechenden Lichtstärken J abgegriffen. Mit diesen und der Lampenhöhe h wird für die verschiedenen Abstände a jeweils die Horizontalbeleuchtung E_H nach der oben (Seite 36) angegebenen Formel berechnet:

$$E_H = \frac{J \cdot h}{\sqrt{a^2 + h^2}^3}$$

Mit den so berechneten Werten der Horizontalbeleuchtung wurde die in Fig. 31 gestrichelt eingetragene Hilfskurve A erhalten.

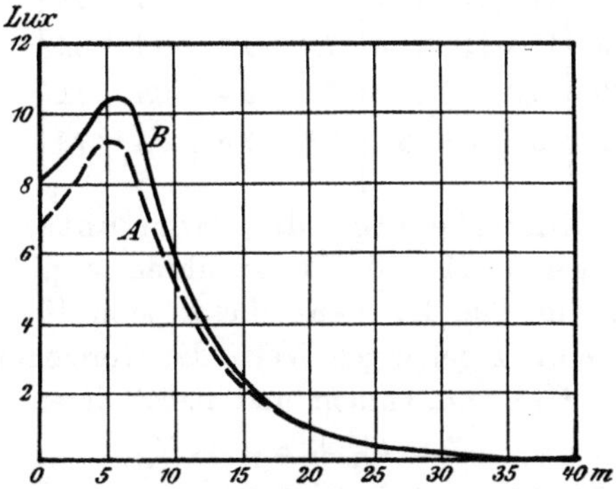

Fig. 31. Beleuchtung der Friedrichstraße.
Horizontalbeleuchtung durch eine Lampe allein.
A Hilfskurve.
B Hauptkurve.

Der weitere Gang der Berechnung ergibt sich aus der nachfolgenden Tabelle IX. Die drei ersten Spalten dieser Tabelle enthalten für 7 Punkte der Meßlinie (Fig. 30) die Abstände a_{I}, a_{II} und a_{III} von den Fußpunkten der Lampen I, II und III. Die Spalte 4 enthält die Werte der Horizontalbeleuchtung E_l für diese Punke, wie sie sich aus der linken Hälfte der Kurve Fig. 30 ergeben, während Spalte 5 die Werte der Horizontalbeleuchtung E_r der dazu symmetrisch gelegenen Punkte der rechten Hälfte der Kurve Fig. 30 enthält. Das Mittel aus beiden ergibt die Werte E der Spalte 6. In den

Werten E sind die von den benachbarten Lampen I, II und III herrührenden Horizontalbeleuchtungen enthalten, während alle übrigen, weiter entfernten Lampen zu E keinen nennenswerten Beitrag mehr liefern.

Tabelle IX.

1.	2.	3.	4.	5.	6.	7.	8.	9.	10.	11.	12.	13.
a_I	a_{II}	a_{III}	E_l	E_r	E	E'_I	E'_{II}	E'_{III}	E'	E_I	E_{II}	E_{III}
0	24	30	8,1	9,3	8,7	6,9	0,5	0,2	7,6	7,9	0,6	0,2
2	22	32	9,0	9,8	9,4	7,9	0,7	0,2	8,8	8,4	0,8	0,2
4	20	34	10,8	11,4	11,1	8,9	0,9	0,2	10,0	9,9	1,0	0,2
6	18	36	11,6	11,8	11,7	9,1	1,2	0,1	10,4	10,2	1,4	0,1
8	16	38	11,4	11,8	11,6	7,0	1,6	0,1	8,7	9,4	2,1	0,1
10	14	40	9,8	10,6	10,2	5,1	2,4	0,1	7,6	6,9	3,2	0,1
12	12	42	8,8	8,8	8,8	3,5	3,5	0,1	7,1	4,35	4,35	0,1

Welche Einzelbeträge der Horizontalbeleuchtung von den Lampen I, II und III herrühren, ergibt nunmehr die Hilfskurve A in Fig. 31. Aus dieser sind für die Abstände a_{I}, a_{II} und a_{III} die zugehörigen Werte der Horizontalbeleuchtung E'_{I}, E'_{II} und E'_{III} entnommen und nebst deren Summe

$$E' = E'_{\mathrm{I}} + E'_{\mathrm{II}} + E'_{\mathrm{III}}$$

in Spalte 7 bis 10 der Tabelle IX eingetragen. Da die Hilfskurve A aus einer Lichtverteilungskurve hervorging, wie sie die tatsächlich vorhandenen Lampen annähernd besitzen, so verteilt sich nach dem Verhältnis der drei Werte E'_{I}, E'_{II} und E'_{III} nun auch der auf die drei Lampen I, II und III entfallende Betrag E_{I}, E_{II} und E_{III} der wirklich vorhandenen Horizontalbeleuchtung E. So wird erhalten:

$$E_{\mathrm{I}} = E'_{\mathrm{I}} \cdot \frac{E}{E'} \qquad E_{\mathrm{II}} = E'_{\mathrm{II}} \cdot \frac{E}{E'} \qquad E_{\mathrm{III}} = E'_{\mathrm{III}} \cdot \frac{E}{E'}$$

Diese Werte sind in Spalte 11 bis 13 der Tabelle IX eingetragen und ergeben die von einer Lampe allein herrührende Horizontalbeleuchtung für die Abstände von 0 bis 42 m vom Fußpunkt der Lampe. Man kann dieselben zur Aufstellung einer Kurve benützen, wie es in Kurve B der

Fig. 31 geschehen ist. Für diese Kurve sind außer den in Tabelle IX erhaltenen Werten auch noch diejenigen benützt, die sich aus der Aufnahme der Horizontalbeleuchtung über den nächsten Lampenabstand und auf der Meßlinie seitlich von den Lampen (siehe Fig. 29) unter Anwendung des gleichen Rechnungsverfahrens ergeben; deshalb verläuft die Kurve B zum Teil etwas tiefer als es den in Tabelle IX enthaltenen Werten entsprechen würde. Daß die Kurve B von der Hilfskurve A nur wenig abweicht, rührt daher, daß die in der Friedrichstraße aufgehängten Lampen zufällig auch annähernd eine Lichtstärke von 1000 Kerzen besitzen, wie die zur Aufstellung der Hilfskurve benützte Normal-Lichtverteilungskurve.

Zur Erhöhung der Genauigkeit könnte man nunmehr den in Tabelle IX durchgeführten Rechnungsgang nach Ersatz der Hilfskurve A durch die jetzt vorliegende Kurve B wiederholen; jedoch genügt die einmalige Durchrechnung für die bei Beleuchtungsmessungen im allgemeinen wünschenswerte Genauigkeit.

Nachdem die von einer Lampe allein herrührende Horizontalbeleuchtung aus den gemessenen Werten in der eben beschriebenen Weise ermittelt ist, kann jetzt die Verteilung der Beleuchtung über die ganze Straßenfläche bestimmt werden. Zu diesem Zwecke teilt man ebenso, wie es oben (Seite 42) beschrieben wurde, den in Betracht kommenden Teil der Straßenfläche in eine Anzahl flächengleicher Quadrate oder Rechtecke ein. In dem hier gewählten Beispiel kommt hierfür [nach Fig. 10 (Seite 43) links unten] der vierte Teil der zwischen zwei Lampen liegenden Straßenfläche in Betracht, während sich in den übrigen Teilen der Straßenfläche die Beleuchtungsverteilung symmetrisch oder periodisch wiederholt. Als Lampenabstand ist hierbei der für die ganze Straße geltende mittlere Abstand von 30 m gewählt. Die Zahl der einzelnen Rechtecke, im allgemeinen etwa 10 bis 20, ist hier zu 12 angenommen. Für den Mittelpunkt eines jeden Rechtecks werden die Abstände von den Fußpunkten der benachbarten Lampen I, II und III aus Fig. 32 abgegriffen. Dieselben sind in Tabelle X eingetragen und ebenda die zugehörigen Werte der Horizontalbeleuchtung, wie sie aus der Kurve B (Fig. 31) entnommen sind. Die Summe E der für einen Rechteckmittelpunkt erhaltenen Einzelwerte E_{I}, E_{II} und E_{III} ergibt die Horizontalbeleuchtung an dieser Stelle der Straße. Der Mittelwert aus den so berechneten 12 Werten von E ist schließlich die mittlere Horizontalbeleuchtung der ganzen Straße, der für die Beurteilung der Beleuchtung hauptsächlich maßgebende Wert. Er ist in dem vorliegenden Beispiel

$$E_{mittel} = 6,8 \text{ Lux.}$$

Tabelle X.

Rechteck Nr.	a_I	a_{II}	a_{III}	E_I	E_{II}	E_{III}	E
1	9,3	29,6	33	6,8	0,2	0,1	7,1
2	10,6	26	37	5,3	0,4	0,1	5,8
3	13,0	22,5	40	3,0	0,7	0,1	3,8
4	16,0	19,2	44	1,8	1,1	—	2,9
5	14,2	17,7	44	2,4	1,3	—	3,7
6	10,8	21,3	40	5,0	0,8	0,1	5,9
7	7,8	25	36	8,8	0,4	0,1	9,3
8	5,8	28,6	32	10,5	0,2	0,2	10,9
9	2,6	28,2	32	9,2	0,2	0,2	9,6
10	5,9	24,4	36	10,5	0,5	0,1	11,1
11	9,6	20,6	39	6,4	0,9	0,1	7,4
12	13,2	17,0	43	3,0	1,6	—	4,6

$$\Sigma = 82,1$$

$$E_{mittel} = \frac{82,1}{12} = 6,8$$

Auch der Maximal- und Minimalwert der Horizontalbeleuchtung kann mit Hilfe der Kurve B (Fig. 31) erhalten werden. Der Maximalwert ist in dem hier gewählten Beispiel im Punkte M (Fig. 32) in 5 m Abstand von der Lampe I und 25 bzw. 35 m Abstand von den Lampen II und III vorhanden und beträgt

$$E_{max} = 10,5 + 0,5 + 0,1 = 11,1 \text{ Lux.}$$

Der Minimalwert liegt im Punkte m in 18,6 m Abstand von den Lampen I und II und wird

$$E_{min} = 1,3 + 1,3 = 2,6 \text{ Lux.}$$

Das für die Gleichmäßigkeit der Beleuchtung maßgebende Verhältnis wird hiernach

$$\frac{E_{max}}{E_{min}} = \frac{11,1}{2,6} = 4,3.$$

Die untersuchte Beleuchtung ist hiernach wesentlich gleichmäßiger als es sonst bei Straßenbeleuchtung üblich ist.

In dieser Weise können alle Werte zur Beurteilung der Beleuchtung aus der Beleuchtungsmessung abgeleitet werden.

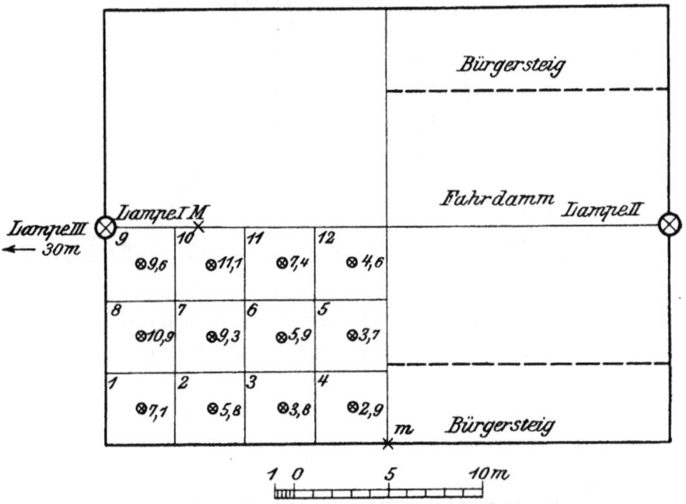

Fig. 32. Beleuchtung der Friedrichstraße in Berlin mit elektrischem Bogenlicht.

Verteilung der Beleuchtung über die Straßenfläche.
Maximale Horizontalbeleuchtung: 11,1 Lux.
Minimale „ 2,6 „
Mittlere „ 6,8 „

45. Beispiel für eine Platzbeleuchtungsmessung und deren Verwertung.

Sind mehrere Lampen an einem Maste oder in einer Laterne vereinigt, so kann man diese ebenso wie bei der Beleuchtungsberechnung (Seite 56) als eine einzige Lichtquelle auffassen und die Kurve der von einem Lampenmast oder einer Laterne herrührenden Horizontalbeleuchtung in derselben Weise herleiten wie es oben (Seite 88) beschrieben wurde; für die Hilfskurve A (Fig. 31, Seite 89) kann man auch hier die Lichtverteilungskurve der einzelnen Lampe zugrunde legen.

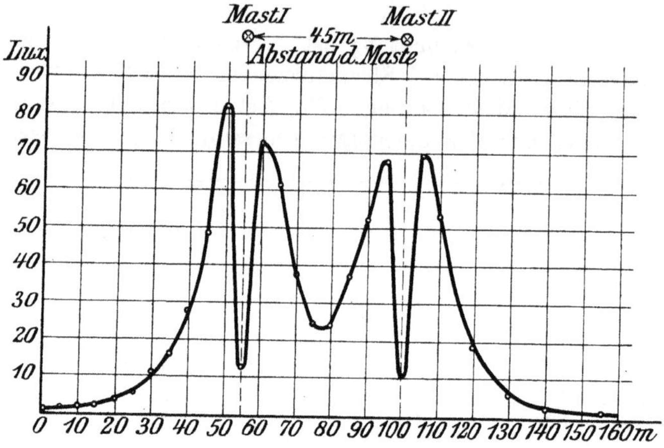

Fig. 33. Beleuchtung des Potsdamer Platzes in Berlin mit Intensiv-Flammenbogenlampen.
Gemessene Werte der Horizontalbeleuchtung.

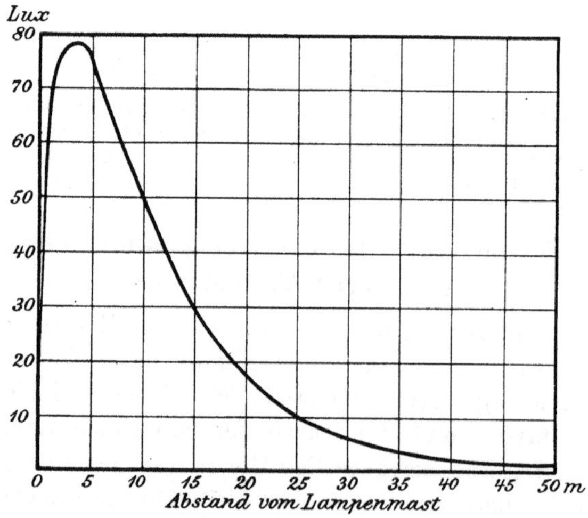

Fig. 34. Beleuchtung des Potsdamer Platzes.
Horizontalbeleuchtung für einen Lampenmast allein

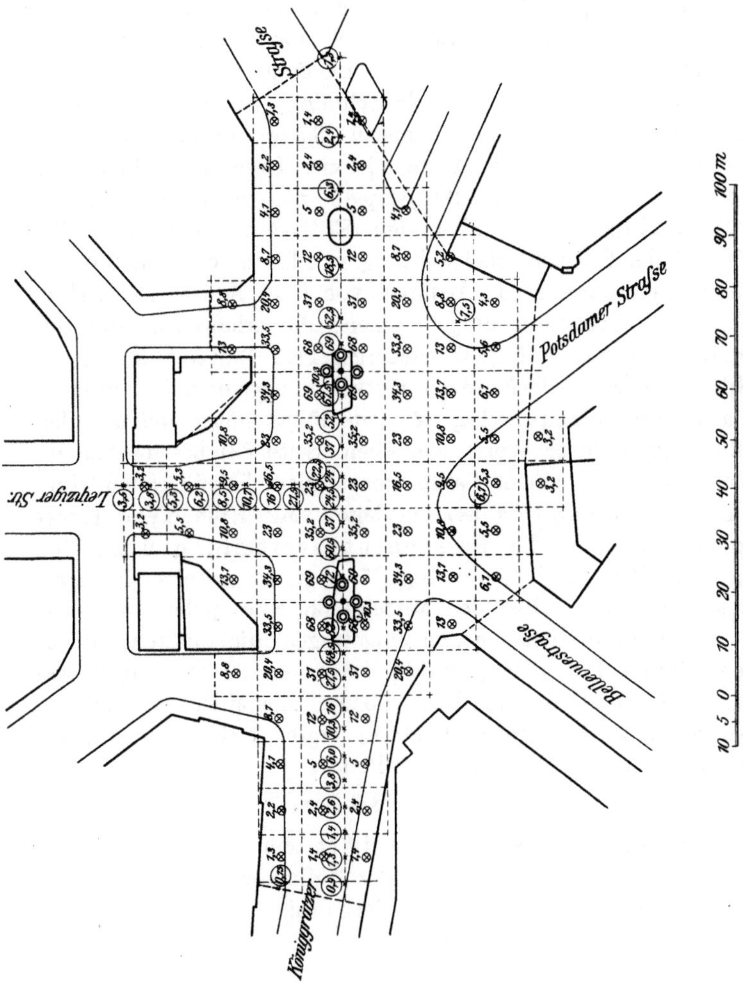

Fig. 35. Beleuchtung des Potsdamer Platzes in Berlin mit Intensiv-Flammenbogenlampen.

Verteilung der Beleuchtung über die ganze Platzfläche.

(51) Gemessene Werte der Horizontalbeleuchtung.

⊗51 Hieraus berechnete Werte der Horizontalbeleuchtung.

◎ Standort der Bogenlampen.

Maximale	Horizontalbeleuchtung:	82	Lux.
Minimale	„	1,3	„
Mittlere	„	18,8	„

Als Beispiel hierfür und zugleich für die Messung der Beleuchtung eines Platzes soll die Beleuchtung des Potsdamer Platzes in Berlin angeführt werden (siehe auch 3. Beispiel für Beleuchtungsberechnung, Seite 62). Daselbst sind zur Beleuchtung des ganzen Platzes an zwei um 45 m voneinander entfernten Masten je vier Intensiv-Flammenbogenlampen für je 20 Ampere mit Klarglasglocken in 18 m Lichtpunkthöhe über dem Erdboden aufgehängt. Der Verlauf der Horizontalbeleuchtung wurde auf einer Meßlinie in der Verbindungslinie der Lampen von 5 zu 5 m in 1,5 m Höhe über dem Erdboden aufgenommen; die erhaltenen Resultate sind in der Kurve Fig. 33 wiedergegeben. Zur Aufstellung der Hilfskurve wurde die Normal-Lichtverteilungskurve für Intensiv-Flammenbogenlampen (Fig. 22, Seite 152) benützt und aus derselben in gleicher Weise wie oben (Seite 88) beschrieben die Kurve der von einem Lampenmast allein herrührenden Horizontalbeleuchtung (Fig. 34) abgeleitet. Mit Hilfe dieser Kurve ergibt sich dann die Beleuchtungsverteilung über den ganzen Platz, der, wie Fig. 35 zeigt, in einzelne Quadrate eingeteilt wurde. Für den Mittelpunkt eines jeden Quadrates ist die Horizontalbeleuchtung eingetragen, die übrigens nur für den vierten Teil der Quadrate besonders zu berechnen war (siehe Fig. 10 [Seite 43] links oben). Als Mittelwert aus der Beleuchtung sämtlicher Quadrate ergibt sich die mittlere Horizontalbeleuchtung des Platzes

$$E_{mittel} = 18{,}8 \text{ Lux.}$$

Bei dieser Beleuchtung beträgt der Maximalwert der Horizontalbeleuchtung 82 Lux, der Minimalwert am Rande des Platzes 1,3 Lux. So wird das Verhältnis

$$\frac{E_{max}}{E_{min}} = 63.$$

Dieser Wert läßt die Beleuchtung als eine ziemlich ungleichmäßige erscheinen. Jedoch sind an die Gleichmäßigkeit bei einer Platzbeleuchtung keine so hohen Ansprüche zu stellen als bei einer Straßenbeleuchtung, da es berechtigt ist, daß die Beleuchtung am Rande des Platzes wesentlich geringer ist als in der Mitte desselben. Außerdem ist der Minimalwert im vorliegenden Falle noch höher als die mittlere Beleuchtung der sich anschließenden Straßen, da die Beleuchtung dieses sehr verkehrsreichen Platzes an und für sich eine außergewöhnlich starke ist.

46. Beleuchtungsmessungen in Innenräumen.

Bei der Messung der Beleuchtung von Innenräumen ist es schon häufiger möglich, die Einteilung des Raumes in eine angemessene Zahl von Rechtecken vorzunehmen und für die Rechteckmittelpunkte die Horizontalbeleuchtung unmittelbar zu messen, woraus dann als Mittelwert aus allen gemessenen Werten sich die mittlere Horizontalbeleuchtung ergibt. Ist man hieran durch die Einrichtungsgegenstände des Innenraumes oder aus anderen Gründen behindert, so muß man bei genauen Beleuchtungsmessungen und deren Verwertung meist einen etwas anderen Weg einschlagen, als er oben für Straßenbeleuchtungsmessungen angegeben wurde. Denn für Innenräume kommt fast immer eine größere Anzahl von Lampen in Betracht, die in nur geringem Abstande voneinander angebracht sind, und hierzu kommt noch die reflektierende Wirkung der Wände und Decken. Man kann daher aus den gemessenen Werten der Beleuchtung nicht mehr mit Sicherheit die von einer Lampe allein herrührende Beleuchtung ableiten. Hier kommt es für das Vorgehen bei der Messung und für die Verwertung derselben in erster Reihe auf die Art des Raumes und die Anordnung der Lampen in demselben an.

Hat man Innenräume von annähernd quadratischer oder kreisförmiger Grundfläche und sind in denselben die Lampen symmetrisch angeordnet, entweder an einer Krone in der Mitte des Raumes oder gleichmäßig über den ganzen Raum verteilt, so kann man die Beleuchtung auf zwei bis drei quer durch den Raum sich erstreckenden Meßlinien in einer Anzahl von Punkten messen. Die Höhe der horizontalen Meßebene wählt man für Innenräume meist in Tischhöhe, 0,8 bis 1 m über dem Boden, gelegentlich auch, ebenso wie bei Straßenbeleuchtung, 1,5 m über dem Erdboden. Die Meßpunkte und die daselbst gemessenen Werte der Horizontalbeleuchtung trägt man in einen Grundriß des Raumes ein und ermittelt den Abstand der einzelnen Meßpunkte vom Mittelpunkt des Raumes. In Abhängigkeit hiervon stellt man dann aus den gemessenen Werten eine Kurve der Horizontalbeleuchtung auf, was bei annähernd quadratischen oder kreisförmigen

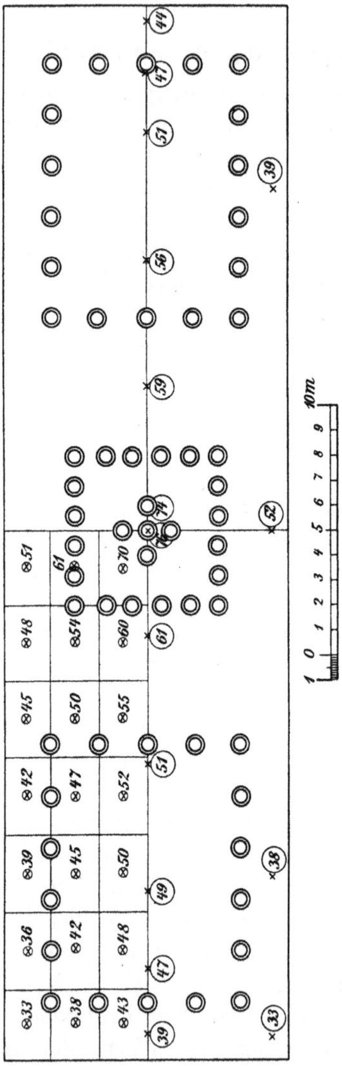

Fig. 36. Beleuchtung eines Restaurationssaales durch Intensiv-Nernst-Lampen.

○ Gemessene Werte der Horizontalbeleuchtung.
⊗ Hieraus berechnete Werte der Horizontalbeleuchtung.
◎ Standort der Intensiv-Nernst-Lampen.

Maximale Horizontalbeleuchtung: 76 Lux.
Minimale " 33 "
Mittlere " 56 "

Räumen und symmetrischer Lampenanordnung in denselben sich immer ermöglichen läßt. Der vierte Teil der Bodenfläche des Raumes wird dann wieder in 10 bis 20 Quadrate oder

Rechtecke eingeteilt, der Abstand eines jeden Rechteckmittelpunktes vom Mittelpunkt des Raumes aus der Zeichnung abgegriffen und hierfür aus der aufgestellten Kurve der entsprechende Wert der Horizontalbeleuchtung entnommen. Der Mittelwert aus den für alle Rechteckmittelpunkte erhaltenen Werten ergibt dann wieder die mittlere Horizontalbeleuchtung.

Ist die Beleuchtung von mehr langgestreckten rechteckigen Innenräumen zu messen, so wählt man zwei bis drei Meßlinien in der Längsrichtung des Raumes. Aus den Kurven der auf diesen Meßlinien erhaltenen Horizontalbeleuchtung läßt sich dann wieder die Horizontalbeleuchtung der Mittelpunkte der Rechtecke ermitteln, in welche die Bodenfläche des Raumes oder bei symmetrischer Anordnung ein entsprechender Teil derselben eingeteilt wird. Soweit die Rechteckmittelpunkte nicht selbst auf einer Meßlinie liegen, interpoliert man für sie die Horizontalbeleuchtung aus den benachbarten Meßlinien. Der Mittelwert der Beleuchtungen aller Rechteckmittelpunkte ergibt auch hier wieder die mittlere Horizontalbeleuchtung.

47. Beispiele für Beleuchtungsmessungen in Innenräumen und deren Verwertung.

In der eben beschriebenen Weise wurde die Beleuchtungsmessung eines Restaurationssaales durchgeführt und verwertet. Der Saal von 490 qm Bodenfläche ist mit Intensiv-Nernst-Lampen (Modell A) beleuchtet, die in 7 m Höhe über dem Fußboden an der Decke verteilt angebracht sind, wie aus dem Grundriß in Fig. 36 zu ersehen ist. Die Horizontalbeleuchtung in 1,5 m Höhe über dem Erdboden wurde auf zwei Meßlinien gemessen. Die Einzelwerte sind bei den Meßpunkten in Fig. 36 eingetragen und mit diesen Werten wurden die Kurven (Fig. 37) für den Verlauf der Horizontalbeleuchtung auf den Meßlinien gezeichnet. Aus den Kurven ergibt sich die Horizontalbeleuchtung für die Mittelpunkte der 21 Rechtecke, in welche der vierte Teil der Bodenfläche des Saales eingeteilt wurde und als Mittelwert der Beleuchtungen sämtlicher Rechteckmittelpunkte erhält man die mittlere Horizontalbeleuchtung des Saales zu 56 Lux. Der Saal ist hiernach sehr reichlich beleuchtet. Durch die Verteilung der Lampen über die ganze Decke ist auch eine recht gleichmäßige Beleuchtung erzielt wie aus dem Verhältnis des maximalen zum minimalen Wert der Horizontalbeleuchtung

$$\frac{E_{max}}{E_{min}} = \frac{76}{33} = 2,3$$

zu entnehmen ist.

Bei Innenbeleuchtungen hat man die Ausführung einer Beleuchtungsmessung nicht allein von der Art des Raumes, der Art der Beleuchtung und der Anordnung der Lampen abhängig zu machen; vielmehr kommt es auch noch sehr oft

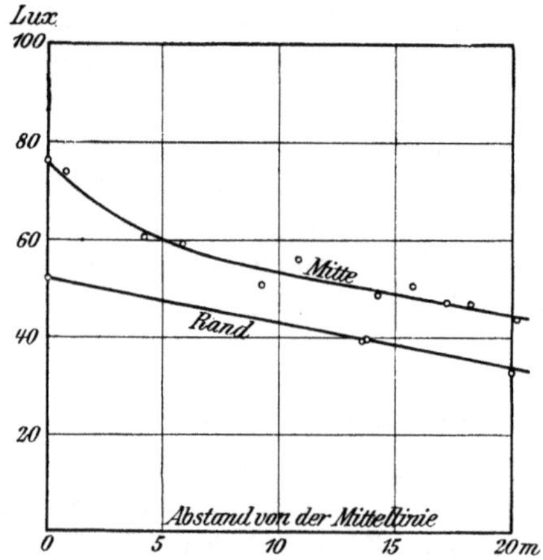

Fig. 37. Beleuchtung eines Restaurationssaales. Gemessene Werte der Horizontalbeleuchtung.

bei der Anlage von Innenbeleuchtungen vor allem auf die gute Beleuchtung einzelner, bestimmter Plätze an, worauf dann auch bei der Beleuchtungsmessung besonders Rücksicht zu nehmen ist. Man muß sich daher bei der Messung der Beleuchtung von Innenräumen davor hüten, rein schematisch vorzugehen, sondern muß die Messung der Eigenart des Raumes auch jeweils anpassen.

Ein Beispiel für eine derartige Beleuchtungsmessung, bei der die Messung und deren Verwertung den besonderen Verhältnissen des Raumes entsprechend auszuführen war, gibt die nachfolgend beschriebene Messung der Beleuchtung eines Kunstausstellungssaales. Der Saal hat eine annähernd quadratische Grundfläche von 330 qm und ist durch vier gewöhnliche Gleichstrom-Bogenlampen für je 55 Volt und

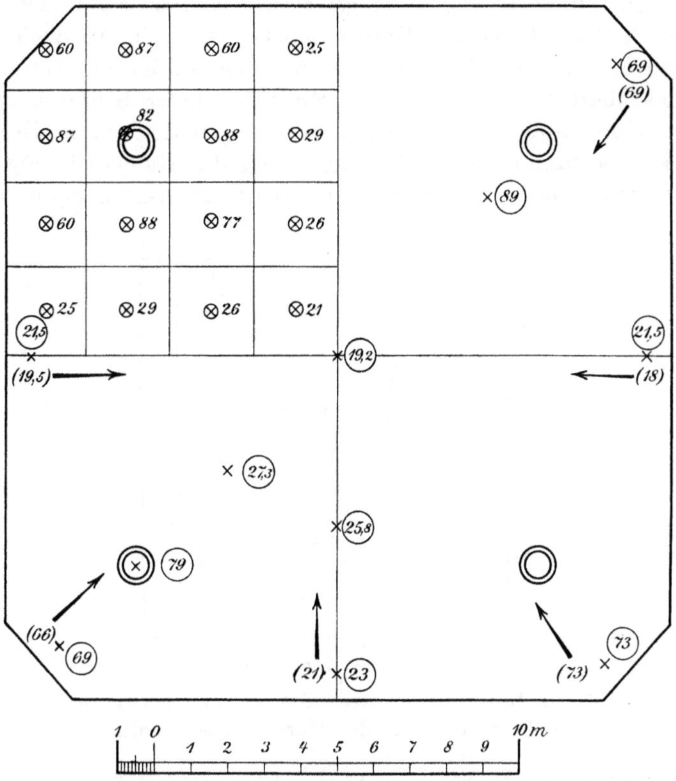

Fig. 38. Beleuchtung eines Kunstausstellungssaales mit elektrischem Bogenlicht.

× (51)→ Gemessene Werte der Vertikalbeleuchtung.
× (51) Gemessene Werte der Horizontalbeleuchtung.
⊗51 Hieraus berechnete Werte der Horizontalbeleuchtung.
◎ Standort der Bogenlampen.

Maximale Horizontalbeleuchtung:	89	Lux.
Minimale „	19	„
Mittlere „	54	„

12 Ampere mit Glocken für halbzerstreutes Licht beleuchtet. Die Lampen sind 5 m über dem Boden aufgehängt und die Messung der Beleuchtung erfolgte in 1,5 m Höhe über dem

Boden. Die Standorte der Lampen, die einzelnen Meßpunkte und die an denselben gemessenen Werte der Beleuchtung sind in dem Grundriß Fig. 38 eingetragen. Hieraus ergab sich die Kurve Fig. 39, die die Horizontalbeleuchtung in Abhängigkeit vom Abstand des Meßpunktes vom Fußpunkt der jeweils nächst benachbarten Lampe enthält. Mit Hilfe dieser Kurve wurden die Horizontalbeleuchtungen der Mittelpunkte von 16 Rechtecken bestimmt, in die der vierte Teil des Raumes in Fig. 38 eingeteilt wurde. Als Mittelwert aus den 16 Werten ergibt sich

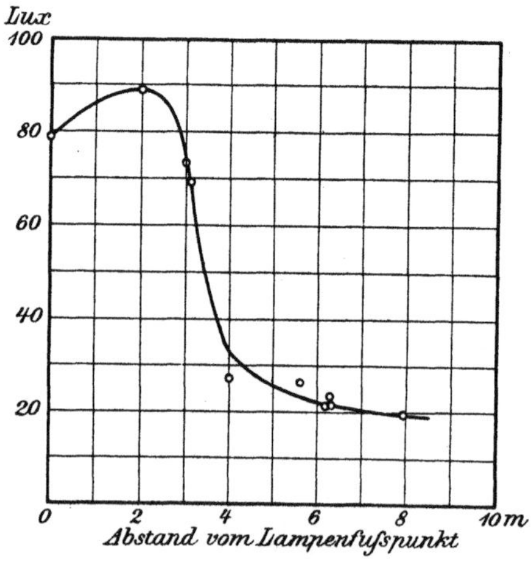

Fig. 39. Beleuchtung eines Kunstausstellungssaales. Gemessene Werte der Horizontalbeleuchtung.

die mittlere Horizontalbeleuchtung von 54 Lux. Die Gleichmäßigkeit der Beleuchtung die sich aus dem Verhältnis

$$\frac{E_{max}}{E_{min}} = \frac{89}{19} = 4,7$$

beurteilen läßt, ist hier für einen Innenraum nicht besonders günstig.

Im vorliegenden Falle kommt für die Beurteilung der Beleuchtung hauptsächlich auch die Vertikalbeleuchtung der Wände in Betracht, an denen die bei künstlicher Beleuchtung zu betrachtenden Gemälde untergebracht sind. Deshalb wurden hier auch die Werte der Vertikalbeleuchtung in der Nähe der Wände gemessen und an den Meßpunkten (eingeklammert) in Fig. 38 eingetragen. Die einzelnen Pfeile bezeichnen die Richtung der vertikalen Meßebene, auf der sie senkrecht stehen. Der Vergleich der Werte an den einzelnen Meßpunkten zeigt übrigens, daß hier nur geringe Unterschiede zwischen den Werten der Horizontal- und Vertikalbeleuchtung vorhanden sind.

48. Vereinfachtes Verfahren zur Ausführung und Verwertung der Beleuchtungsmessungen.

Das vorstehend allgemein und an Hand von Beispielen beschriebene Verfahren der Beleuchtungsmessung und deren Verwertung liefert zwar genaue Resultate und kann ohne besondere Vorkenntnisse benützt werden. Sehr oft tritt jedoch in der Praxis der Fall ein, daß man wohl gern Beleuchtungsmessungen vornehmen würde, aber für die Ausführung und Verwertung derselben nicht viel Zeit übrig hat. Hierfür bedarf man eines vereinfachten Verfahrens, das auf Grund von möglichst wenigen Messungen und ohne weitere Zeichen- und Rechenarbeit die für die Beurteilung einer Beleuchtung hauptsächlich maßgebenden Werte ergibt. Ein derartiges Verfahren soll im folgenden beschrieben werden. (Siehe hierzu den Aufsatz des Verf.: „Die Verwertung von Beleuchtungsmessungen", Journal für Gasbeleuchtung, 1907, Seite 152.)

Wie die Bearbeitung einer größeren Zahl von ausgeführten Beleuchtungsmessungen zeigte, kann für eine zu untersuchende Beleuchtung die mittlere Horizontalbeleuchtung annähernd berechnet werden, wenn ausschließlich der Maximalwert und der Minimalwert der Horizontalbeleuchtung durch Messung einwandfrei festgestellt sind. Diese beiden Werte müssen dann natürlich, soweit es möglich ist, an mehreren Stellen (etwa vier bis sechs) gemessen und hieraus jeweils das Mittel genommen werden, um von Zufälligkeiten freie Messungsergebnisse zu erhalten. Die Stellen, an denen die maximalen und minimalen Werte der Horizontalbeleuchtung auftreten, kann man durch Beurteilung nach dem Augenschein oder nach kurzem Probieren leicht herausfinden. Dabei muß man sich davor hüten, solche Stellen auszuwählen, deren Beleuchtung durch besondere Umstände, wie Schatten

Tabelle XI.
Messungsergebnisse für Straßenbeleuchtung.

Lampenart	Ort B. = Berlin C. = Charlottenburg	Anordnung X Lampe O Mast	Verbrauch pro Lampe	Aufhängehöhe m	Lampenabstand m	Straßenbreite m	Straßenfläche für einen Lampenmast qm	Verbrauch pro 1 qm	Verbrauch pro 1 Lux und 1 qm	E_{max} Lux	E_{min} Lux	$\frac{E_{max}}{E_{min}}$	E_{mittel} (genau) Lux	E_{mittel} (annähernd) Lux	Fehler %
Gewöhnliche Gleichstrom-Bogenlampen	Friedrichstraße (B)		Watt 825	10	30	22	660	Watt 1,25	Watt 0,184	11,1	2,6	4,3	6,8	6,7	—1,5
	Unter den Linden (B)	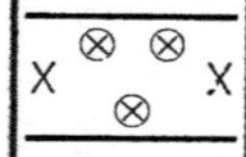	935	7,2—8,0	39 u. 70	61	930	1,00	0,170	17	1,1	15,4	5,9	5,0	—15
Gleichstrom-Intensiv-Flammenbogenlampen	Potsdamer Platz (B)	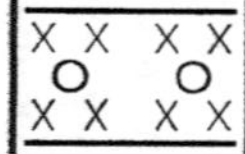	1100	18	45	—	3640	1,20	0,065	82	1,3	63	18,8	17,1	—9
	Alsenbrücke (B)	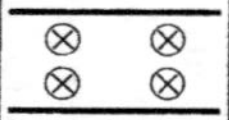	440	8	22	17	187	2,35	0,126	34	7,3	4,7	18,6	19,3	+4
Wechselstrom-Flammenbogenlampen	Hardenbergstraße (C)	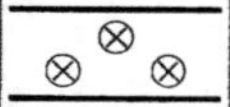	455	9	40	38,5	770	0,59	0,151	11,2	1,1	10,2	3,9	4,0	+2,5
Gewöhnliches Gasglühlicht	Schumannstraße (B)	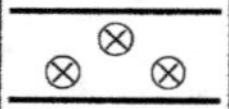	l/Std. ca. 125	3,5	50	18,5	462	l/Std. 0,27	l/Std. 0,415	5,8	0,08	73	0,65	0,66	+1,5
Preßgas (Millenniumlicht)	Alexanderstraße (B)	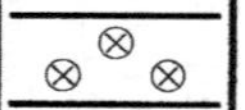	ca. 2 × 600	5,7	42	21	441	2,72	0,523	18,9	0,8	23,6	5,2	4,85	—7
	Königstraße (B)	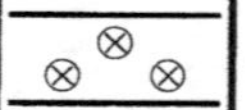	ca. 2 × 1200	5,7	42	20,5	431	5,57	0,476	41	2,0	20,5	11,7	11,0	—6
Hängendes Gasglühlicht	Invalidenstraße (B)		ca. 2 × 114	4,5	28	17	238	1,92	0,350	58	0,6	97	5,5	6,4	+16

Tabelle XII.

Messungsergebnisse für Innenbeleuchtung.

Lampenart	Art des Raumes	Anordnung der Lampen	Lampenzahl	Verbrauch pro Lampe Watt	Aufhängehöhe m	Größe des Raumes qm	Bodenfläche für eine Lampe qm	Verbrauch pro 1 qm Watt	Verbrauch pro 1 Lux und 1 qm Watt	E_{max} Lux	E_{min} Lux	$\frac{E_{max}}{E_{min}}$	E_{mittel} (genau) Lux	E_{mittel} (annähernd) Lux	Fehler %
Nernstlampen, Modell B	Ausstellungsraum	Über die ganze Decke verteilt	136	55	4	145	1,07	51,5	0,58	98	81	1,21	89	89,5	+0,5
Nernstlampen, Modell A	Restaurationssaal	desgl.	61	200	7	490	8,0	25,0	0,445	76	33	2,3	56	54,5	—3
Gleichstrombogenlampen	Kunstausstellungssaal	Halbzerstreute Beleuchtung	4	660	5	330	82,5	8,0	0,148	89	19	4,7	54	54	0
Gleichstrombogenlampen mit normaler Kohlenstellung	Zeichensaal (gelblichweiß gestrichen)	Indirekte Beleuchtung	2	550	3	72	36	15,3	0,303	70	29,5	2,4	50,5	50	—1
Gleichstrombogenlampen mit umgekehrter Kohlenstellung	desgl.	desgl.	2	650	2,5	72	36	18,0	0,22	132	43	3,0	82	87,5	+6,5

von Bäumen oder Straßenbahnmasten und ähnliches, außergewöhnlich beeinträchtigt ist.

Die Berechnung der mittleren Horizontalbeleuchtung hängt bei dem vereinfachten Verfahren von der Gleichmäßigkeit der Beleuchtung, also von dem Verhältnis des Maximalwertes E_{max} zum Minimalwert E_{min} der Horizontalbeleuchtung ab. Bei Innenbeleuchtungen erreicht dieses Verhältnis meist keinen höheren Wert als etwa 3. In diesem Falle kann die mittlere Horizontalbeleuchtung E_{mittel} unmittelbar als arithmetisches Mittel aus der maximalen und minimalen Horizontalbeleuchtung annähernd erhalten werden. Es wird also:

Für

$$\frac{E_{max}}{E_{min}} < 3 \qquad E_{mittel} = \frac{E_{max} + E_{min}}{2}.$$

Für Straßenbeleuchtung erreicht das Verhältnis der maximalen zur minimalen Horizontalbeleuchtung wesentlich höhere Werte. Hier muß eine andere Formel zur Berechnung der mittleren Horizontalbeleuchtung angewandt werden. Man erhält:

Für

$$\frac{E_{max}}{E_{min}} \begin{cases} > 3 \\ < 70 \end{cases} \qquad E_{mittel} = 0{,}18\,(E_{max} + 10\,E_{min}).$$

Für

$$\frac{E_{max}}{E_{min}} > 70 \qquad E_{mittel} = 0{,}10\,(E_{max} + 10\,E_{min}).$$

Nach den hier angegebenen Näherungsverfahren kann eine Beleuchtungsmessung und deren Verwertung auf einfachste Weise in sehr kurzer Zeit ausgeführt werden.

Das Versuchsmaterial, aus dem die angegebenen Formeln zur Ermittlung der mittleren Horizontalbeleuchtung empirisch abgeleitet wurden, ist auszugsweise in den Tabellen XI und XII (Seite 104 u. 105) enthalten. Es sind daselbst Messungen von Straßen-, Platz- und Innenbeleuchtungen wiedergegeben. Dem exakt berechneten Werte der mittleren Horizontalbeleuchtung ist in der vorletzten Spalte der nach den obigen Näherungsformeln aus den gemessenen Werten von E_{max} und E_{min} berechnete Wert gegenübergestellt und der bei dieser Annäherung begangene Fehler in Prozenten in der letzten Spalte angegeben. Wie ersichtlich, beträgt der Fehler nur selten mehr als 10% und in keinem Falle über 16%.

Aus dem in den Tabellen XI und XII angegebenen Verhältnis von E_{max} zu E_{min} kann auch die Gleichmäßigkeit der Beleuchtung beurteilt werden. Ferner enthalten die Tabellen für die einzelnen Beispiele der Beleuchtungsmessung auch die Angaben über die Art und Anordnung der zur Anwendung gelangten Lampen und den Strom oder Gasverbrauch derselben. Schließlich sind auch die für die Wirtschaftlichkeit erhaltenen Werte daselbst angegeben, nämlich der Verbrauch in Watt oder Liter Gas pro Stunde für 1 Lux mittlere Horizontalbeleuchtung und 1 qm Bodenfläche.

Das vereinfachte Verfahren zur Beleuchtungsmessung und deren Verwertung kann überall da angewandt werden, wo es nicht auf eine große Genauigkeit ankommt, und dies dürfte in den meisten praktisch vorkommenden Fällen zutreffen.

VI. Abschnitt.

Indirekte Beleuchtung.

49. Lichtquellen für indirekte Beleuchtung.

Ein besonderes Gebiet der Beleuchtungstechnik bildet die *indirekte Beleuchtung*. Ihr wesentliches Merkmal besteht darin, daß das Licht von den Lichtquellen vollständig oder zum größten Teil nach der Decke und den Wänden des zu beleuchtenden Raumes ausgesandt und erst das von diesen reflektierte Licht zur Beleuchtung ausgenützt wird. Hierdurch wird eine sehr gleichmäßige Beleuchtung erzielt, ferner werden störende Schatten fast vollständig vermieden und schließlich wird durch die Unsichtbarkeit der eigentlichen Lichtquellen das Auge bei dieser Beleuchtung besonders geschont.

Als *Lichtquellen für indirekte Beleuchtung* kommen entweder die *elektrischen Bogenlampen* oder das *Gasglühlicht* in Frage. Von den *elektrischen Bogenlampen* werden ausschließlich diejenigen mit gewöhnlichen, nicht imprägnierten Kohlen hierfür verwendet. Die Kohlenanordnung in den Bogenlampen kann ebenso wie bei den Lampen für direkte Beleuchtung gewählt werden, also die positive stärkere Kohle oben, die negative schwächere unten. Die nackte Bogenlampe sendet dann fast ihr ganzes Licht nach der unteren Hemisphäre, wie aus der Lichtverteilungskurve A (Fig. 40) und aus dem Vergleich der dabei angegebenen mittleren sphärischen Lichtstärke (J_0) und mittleren hemisphärischen Lichtstärke ($J_\cup$) hervorgeht, welch letztere nahezu doppelt so groß als die mittlere sphärische Lichtstärke ist (siehe oben Seite 7). Um die Lampe für indirekte Beleuchtung brauchbar zu machen, muß das nach unten gehende Licht durch einen unten an der Lampe angebrachten *Blechreflektor* mit weißem Email-

Überzug nach der oberen Hemisphäre reflektiert werden. Ein derartiger Reflektor absorbiert ungefähr 40 % des gesamten Lichtes und erzeugt die in Kurve *B* (Fig. 40) eingetragene

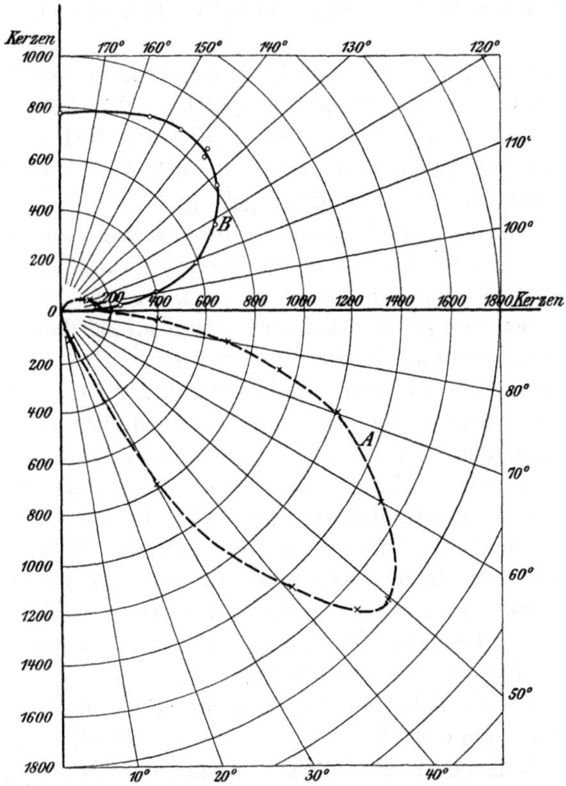

Fig. 40. Lichtverteilung einer gewöhnlichen Gleichstrom-Bogenlampe für 12 Amp. 42 Volt.

Kurve *A*: Ohne Reflektor

$J_{\circ} = 560$ Kerzen $J_{\triangledown} = 1035$ Kerzen.

Kurve *B*: Mit emailliertem Blechreflektor für indirekte Beleuchtung

$J_{\circ} = 340$ Kerzen $J_{\triangle} = 660$ Kerzen.

Lichtverteilung. Wie aus dieser Kurve und dem Vergleich der dabei angegebenen mittleren oberen hemisphärischen und mittleren sphärischen Lichtstärke zu entnehmen ist, geht nunmehr praktisch alles Licht nach der oberen Hemisphäre und kann für die Beleuchtung der Decke ausgenützt werden. Die Gestalt der Lichtverteilungskurve ist ungefähr kreisförmig und sehr ähnlich der in Fig. 15 (Seite 138) enthaltenen Lichtverteilungskurve eines einseitig leuchtenden Flächenelements.

Wird an Stelle des Reflektors aus emailliertem Blech ein solcher aus durchscheinendem Opalglas oder Milchglas verwendet, so erhält man die sogenannte halbzerstreute Beleuchtung (siehe Seite 127), bei der noch ein Teil des Lichtes unmittelbar nach unten gelangt.

In Bogenlampen für indirekte Beleuchtung kann man auch die sonst gebräuchliche Kohlenanordnung umkehren, derart, daß die starke positive Kohle unten, die schwächere negative oben in der Lampe sich befindet. Man erhält dann fast dieselbe Lichtverteilung in der oberen Hemisphäre wie sonst in der unteren bei normaler Kohlenanordnung; das Licht der Bogenlampe wird daher auf diese Weise unmittelbar nach der Decke ausgesandt, so daß der Absorptionsverlust in dem Blechreflektor wegfällt. Es ist in diesem Falle nur erforderlich, einen kleinen Blechreflektor unter der Lampe anzubringen, um den Lichtbogen dem Auge des darunter Befindlichen zu verdecken. Die Lichtausbeute ist bei Bogenlampen mit dieser Kohlenanordnung nahezu dieselbe wie bei normaler Kohlenanordnung. Dagegen ist das Licht dieser Lampen etwas weniger ruhig als das der normalen Bogenlampen, und ferner machen sich die Schatten der Lampenteile an der Decke mehr bemerkbar. Man wird daher da, wo es auf eine im Betrieb möglichst billige indirekte Beleuchtung ankommt, die umgekehrte Kohlenanordnung bevorzugen; wo dagegen die höchsten Ansprüche an die Ruhe des Lichtes und einen guten allgemeinen Eindruck der Beleuchtung gestellt werden, sind die Bogenlampen mit normaler Kohlenstellung mehr zu empfehlen. Abbildungen von Bogenlampen für indirekte Beleuchtung finden sich u. a. bei Zeidler, Die elektrischen Bogenlampen (Seite 54—57) und bei Monasch, Elektrische Beleuchtung (Seite 87—89).

Sollen Räume mittels Gasglühlicht indirekt beleuchtet werden, so wird ebenso wie bei den gewöhnlichen Bogenlampen unten an der Lampe ein großer emaillierter Blechreflektor angebracht, um das von der Lichtquelle nach unten ausgestrahlte

Licht nach der Decke zu werfen. Ausführungen derartiger Gasglühlichtkörper für indirekte Beleuchtung siehe Journal für Gasbeleuchtung, Jahrgang 1904, Seite 712 und Jahrgang 1907, Seite 113 und 463. An letzterer Stelle behandelt G. Himmel eingehend die Frage der Konstruktion und Herstellung zweckmäßiger Reflektoren für indirekte Gasglühlichtbeleuchtung. Als Lichtquellen kommen hierfür hauptsächlich die mit Preßgas betriebenen Starklichtflammen in Betracht, weil bei diesen der Vorzug einer gleichmäßigen Beleuchtung bei Anwendung einer nur geringen Lampenzahl viel mehr zur Geltung kommt als bei den gewöhnlichen Gasglühlichtbrennern, von denen bei indirekter Beleuchtung meist eine recht beträchtliche Anzahl erforderlich wird.

Die elektrischen Glühlampen sind zur indirekten Beleuchtung einstweilen nur da geeignet, wo die Betriebskosten der Beleuchtung weniger in Betracht kommen. Die Lampen können dann beispielsweise den Wänden entlang in einem Kanal und durch ein Gesims für die direkte Beobachtung verdeckt angebracht werden und senden von da ihr Licht nach den oberen Partien der Wände und nach der Decke aus (sog. Voûtenbeleuchtung). Es lassen sich hierdurch sehr schöne Lichtwirkungen erzielen, besonders weil überhaupt keine Beleuchtungskörper mehr in dem Raume zu sehen sind. Jedoch geht ein beträchtlicher Teil des Lichtes bei dieser Anordnung der Lampen verloren; eine derartige Beleuchtung ist deshalb ziemlich unökonomisch und kann zunächst nur als Luxusbeleuchtung in Frage kommen.

50. Einfluß des Decken- und Wandanstrichs.

Da bei der indirekten Beleuchtung das erzeugte Licht erst nach der Reflexion durch die Decke und Wände nutzbar wird, kommt es darauf an, den Decken- und Wandanstrich derart auszuführen, daß bei dieser Reflexion ein möglichst geringer Absorptionsverlust auftritt.

Das Reflexionsvermögen verschiedenartiger Oberflächen wurde von Sumpner bestimmt. Er erhielt hierfür folgende Werte:

Tabelle XIII.

Art der Oberfläche	Reflexions-vermögen Prozent
Weißes Löschpapier	82
Schreibpapier	70
Zeitungspapier	50 bis 70
Gelbe Tapete	40
Blaue Tapete	25
Braune Tapete	13
Holzbekleidung	40 bis 50
Gelbgetünchte Wand (sauber)	40
Gelbgetünchte Wand (schmutzig)	20
Schwarzes Tuch	1,2
Schwarzer Samt	0,4

Da hier keine verwertbaren Zahlen für das Reflexionsvermögen der Decken- und Wandanstriche gegeben sind, wie sie bei indirekt beleuchteten Räumen gebraucht werden, so wurden hierüber von der Versuchsstelle der Berliner Elektrizitäts-Werke einige Untersuchungen angestellt, deren Ergebnisse nachstehend besprochen werden sollen:

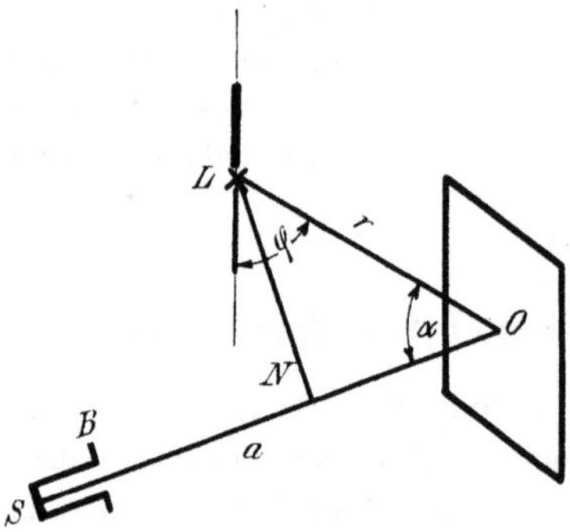

Fig. 41. Zur Messung des Reflexionsvermögens.

17 verschiedene Deckenanstrichproben auf Kartons von 20×25 qcm Größe und 3 Papiersorten wurden auf ihr Reflexionsvermögen untersucht. Die Versuchsanordnung wurde hierbei wie in Fig. 41 angedeutet getroffen. Eine gewöhnliche Bogenlampe ohne Glocke beleuchtet die auf einem Karton aufgetragene Anstrichprobe. Die Lichtstärke J der Bogenlampe unter dem Winkel φ mit der Vertikalaxe, die hierfür in Be-

tracht kommt, wurde durch direkte Messung mit dem Photometer ermittelt. Der Abstand des Lichtpunktes L von dem Mittelpunkt O der Anstrichprobe ist r, und die Richtung des in O auftreffenden Lichtstrahls bildet den Winkel α mit der Normalen ON der Kartonfläche. Die Beleuchtung im Mittelpunkt O der Anstrichprobe ist hiernach

$$E_0 = \frac{J \cdot \cos \alpha}{r^2}.$$

Durch Messung der Abstände LO und NO kann

$$\cos \alpha = \frac{NO}{LO}$$

ermittelt werden, wobei $LN \perp NO$.

Das von der Anstrichprobe reflektierte Licht wird mit dem Photometer gemessen. Die zu beleuchtende Platte S des Photometers ist parallel zur Ebene der Anstrichprobe im senkrechten Abstande a von dieser eingestellt, wie aus Fig. 41 zu ersehen ist. Durch eine Blende B wird von der gesamten Fläche der Anstrichprobe eine Kreisfläche F abgegrenzt, von welcher der Lichtstrom zum Photometer gelangen kann. Die Größe von F kann durch die direkte Messung des Durchmessers dieser Kreisfläche ermittelt werden, wenn man das Auge an die Stelle von S bringt. Die Fläche F empfängt von der Bogenlampe die mittlere Beleuchtung E_0 und damit den Lichtstrom

$$\Phi = E_0 \cdot F$$

(vergleiche oben Seite 3). Um den von der Fläche F wieder abgegebenen Lichtstrom zu erhalten, muß man die Fläche selbst als Lichtquelle betrachten, deren maximale Lichtstärke J_0 in der Normalen der Fläche auftritt. Diese Lichtstärke ist der Größe der Beleuchtung E_0 und der Größe der Fläche F proportional, also

$$J_0 = \varkappa \cdot E_0 \cdot F.$$

Die Lichtstärke eines derartigen einseitig leuchtenden Flächenelements ändert sich nach dem Lambertschen Gesetz proportional mit dem Cosinus des Winkels α, den die Ausstrahlungsrichtung mit der Flächennormale bildet. Das Gesetz der Lichtverteilung für das reflektierte Licht ist hiernach

$$J_r = J_0 \cdot \cos \alpha$$

und die entsprechende Lichtverteilungskurve ist ein Kreis mit dem Durchmesser J_0 (vergleiche oben Seite 48 und die Normal-Lichtverteilungskurve Fig. 15, Seite 138). Die mittlere hemisphärische Lichtstärke wird bei einer derartigen Lichtverteilung (nach Seite 14):

$$J_{\triangledown} = \int_0^{\frac{\pi}{2}} J_r \cdot \sin\alpha \cdot d\alpha = \int_0^{\frac{\pi}{2}} J_0 \cdot \cos\alpha \cdot \sin\alpha \cdot d\alpha = \frac{J_0}{2}.$$

Dies geht auch aus der Normal-Lichtverteilungskurve Fig. 15, (Seite 138) hervor, woselbst

$$J_0 = 2000 \text{ und } J_{\triangledown} = 1000 \text{ Kerzen beträgt.}$$

Die mittlere sphärische Lichtstärke ist hier halb so groß als die mittlere hemisphärische, da alles Licht nur nach einer Seite ausgestrahlt wird. Also ist

$$J_{\circ} = \frac{J_0}{4}.$$

So erhält man schließlich für den gesamten reflektierten Lichtstrom

$$\Phi_r = 4\pi\, J_{\circ} = \pi J_0 = \varkappa \cdot \pi \cdot E_0 \cdot F = \varkappa \cdot \pi\ \Phi.$$

Das Reflexionsvermögen ϱ der Fläche F, ausgedrückt als Verhältnis des reflektierten zum empfangenen Lichtstrom, wird daher

$$\varrho = \frac{\Phi_r}{\Phi} = \varkappa \cdot \pi.$$

J_0 wird mit dem Photometer gemessen und ist, wenn p die Photometerablesung und c die Photometerkonstante bedeutet:

$$J_0 = c \cdot a^2 \cdot p.$$

So wird das Reflexionsvermögen:

$$\varrho = \frac{\Phi_r}{\Phi} = \frac{\pi \cdot J_0}{E_0 \cdot F} = \frac{\pi \cdot c \cdot a^2 \cdot p}{\frac{J \cdot \cos\alpha}{r^2} \cdot F} = \frac{\pi \cdot c \cdot a^2 \cdot r^2}{J \cdot F \cdot \cos\alpha} \cdot p.$$

Multipliziert man die so erhaltenen Werte von ϱ mit 100, so erhält man das Reflexionsvermögen der untersuchten Flächen in Prozenten.

Tabelle XIV.

Art der Oberfläche	Reflexionsvermögen Prozent
Anstrichproben:	
Lithopone (rein)	75
Zinkweiß (rein)	76
Schlemmkreide	66,5
„ mit Chromgelb (hell)	66,5
„ „ Chromgelb (dunkel)	64,5
„ „ Ocker (hell)	66,5
„ „ Ocker (dunkel)	52,5
„ „ Grün (hell)	66,5
„ „ Grün (dunkel)	57
„ „ Ocker und Grün (hell)	55,5
„ „ Ocker und Grün (dunkel)	51,5
„ „ englisch Rot (hell)	63,5
„ „ englisch Rot (dunkel)	50,5
„ „ Blau (hell)	60
„ „ Blau (dunkel)	53
„ „ Umbra (hell)	56
„ „ Umbra (dunkel)	40,5
Papiersorten:	
Weißes Schreibpapier	68
Gelbliches Papier	67
Gelbes Papier	60

In dieser Weise wurde das Reflexionsvermögen der in obiger Tabelle XIV angegebenen Anstrichproben und Papiersorten gemessen und die daselbst eingesetzten Werte dafür erhalten. Aus dem Vergleich der einzelnen Messungsergebnisse geht hervor, daß ein rein weißer Anstrich aus Lithopone oder aus Zinkweiß ein noch besseres Reflexionsvermögen hat als weißes Schreibpapier. Die hauptsächlich für Deckenanstriche verwendete Schlemmkreide hat dagegen ohne weiteren Farbenzusatz ein um etwa 10 % geringeres Reflexionsvermögen als Lithopone oder Zinkweiß. Im allgemeinen wird bei den praktisch gebräuchlichen Deckenanstrichen der weißen Farbe noch ein schwacher Ton von gelb, grün oder blau zugesetzt, weil ein rein weißer Anstrich vielfach als zu kalt und unfreundlich aussehend empfunden wird. Bei den Versuchen über das Reflexionsvermögen wurde jeweils eine Probe mit schwachem und eine mit stärkerem Zusatz der verschiedenen Farben gewählt. Die Proben mit schwachem Zusatz entsprechen ungefähr den im praktischen Gebrauch für helle Decken üblichen Farbentönen. Die Proben mit stärkerem Zusatz wurden untersucht, um die Wirkung der verschiedenen Farbentöne bei dunkler gehaltenen Decken und Wänden beurteilen zu können. Wie aus den Versuchsergebnissen der Proben mit verschiedenen Farbenzusätzen hervorgeht, beeinträchtigen alle stärkeren Farbenzusätze (mit „dunkel" in der Tabelle bezeichnet) das Reflexionsvermögen ganz wesentlich mit alleiniger Ausnahme von Chromgelb. Die schwächeren Farbenzusätze bringen zum Teil auch schon Verkleinerungen des Reflexionsvermögens hervor mit Ausnahme von Chromgelb, Ocker und Grün, bei denen dieselben Werte erhalten wurden wie mit rein weißer Farbe. Es empfiehlt sich hiernach in indirekt beleuchteten Räumen den Deckenanstrich entweder ganz weiß auszuführen oder höchstens einen schwachen gelben oder grünen Farbenzusatz zu benützen.

Es wurde auch noch untersucht, ob die Farbe des Lichtes einen wesentlichen Einfluß auf das Reflexionsvermögen ausübt. Zu diesem Zwecke wurde die Bogenlampe, die bekanntlich ein fast rein weißes Licht gibt, durch eine Quarz-Quecksilberlampe ersetzt, deren Licht hauptsächlich gelbe und grüne und nur sehr wenig rote Strahlen enthält. Bei Beleuchtung der Anstrichproben mit diesem Licht ergaben sich gegenüber dem weißen Licht der Bogenlampe Unterschiede von höchstens 5 % für das Reflexionsvermögen. Die mit Chromgelb gefärbten Anstrichproben hatten ein um etwa 5 % höheres Reflexionsvermögen und zwar sowohl die helle wie auch die dunklere Probe; die rot und blau gefärbten Anstrichproben hatten dagegen ein um etwa 5 % geringeres Reflexionsvermögen im

Quecksilberlicht als vorher im weißen Bogenlicht. Da bei einer so stark abweichenden Lichtfärbung nur geringe Unterschiede in der Größe des Reflexionsvermögens festgestellt wurden, so kann man für die gebräuchlichen Lichtquellen, deren Färbungen bei weitem keine so starken Unterschiede untereinander aufweisen, das Reflexionsvermögen der Wände und Decken als praktisch unabhängig von der Lichtfärbung annehmen.

Als Normalwerte für den Reflexionsfaktor ϱ wird man nach den Ergebnissen obiger und noch anderer Messungen folgende anzusehen haben:

Rein weiß getünchte Decken (neu)	$\varrho = 0{,}65$,
Weiß mit farbigen Tönen getünchte Decken (neu)	$\varrho = 0{,}6$,
Helle Decken nach längerem Gebrauch	$\varrho = 0{,}5$ bis $0{,}4$.

51. Die Berechnung der indirekten Beleuchtung.

Die Berechnung der indirekten Beleuchtung ist naturgemäß schwieriger und umständlicher als diejenige der direkten Beleuchtung. Man behilft sich deshalb hier meistens mit dem Gebrauch von Erfahrungszahlen auf Grund von früheren Ausführungen und verzichtet auf eine genauere Vorausberechnung. Zur angenäherten Berechnung der indirekten Beleuchtung geeignete Erfahrungswerte sollen weiter unten angegeben werden.

Zunächst soll jedoch hier gezeigt werden, daß auch die indirekte Beleuchtung in ähnlicher Weise wie die direkte nach dem oben (Seite 44) angegebenen vereinfachten Verfahren der Beleuchtungsberechnung vorausberechnet werden kann. Man hat hier in erster Reihe die mittlere Horizontalbeleuchtung der Decke zu berechnen, die ja von den indirekten Lampen zunächst beleuchtet wird, und geht dabei in gleicher Weise vor, wie es oben ausführlich beschrieben wurde. Aus der Gesamtfläche F der Decke und dem Abstand h' der Lichtquellen von der Decke ergibt sich $\frac{F}{h'^2}$. Hierfür wird aus Zahlentafel I (Seite 135) $1 - \cos\alpha'$ entnommen und das dazugehörige Ψ' aus der entsprechenden Lichtstromtafel, nämlich Zahlentafel III (Seite 139) für Bogenlampen mit normaler Kohlenstellung und Blechreflektor, Zahlentafel VII (Seite 147) für Bogenlampen mit umgekehrter Kohlenstellung und Blechreflektor und Zahlentafel XII (Seite 157) für stehendes Gasglühlicht mit Blechreflektor (siehe Seite 122). An Stelle von $J_{\triangledown}$ ist bei dieser Berechnung der Wert der mittleren oberen hemisphärischen Lichtstärke $J_{\vartriangle}$ einzusetzen. Der Faktor k für Wandreflexion wird zunächst nicht berücksichtigt. So ergibt sich (nach Seite 52) als mittlere Horizontalbeleuchtung der Decke:

$$E'_m = \frac{2\pi\,\Psi'}{F} \cdot \frac{J_{\vartriangle} \cdot z}{1000}.$$

Der weitere Gang der Berechnung entspricht der oben (Seite 113) bei der Erklärung der Reflexionsversuche durchgeführten Ableitung. Jedes Flächenelement dF der Decke stellt selbst wieder eine Lichtquelle dar. Ist die Beleuchtung E', so ist die maximale Lichtstärke einer derartigen Lichtquelle

$$dJ_0 = \varkappa \cdot E' \cdot dF.$$

Die Lichtverteilung entspricht auch hier wieder der in Fig. 15 (Seite 138) dargestellten, und die mittlere hemisphärische Lichtstärke eines Flächenelements wird (ebenso wie oben Seite 114):

$$dJ_{\triangledown} = \frac{dJ_0}{2}.$$

Die ganze Decke entspricht hiernach einer Lichtquelle von der mittleren hemisphärischen Lichtstärke

$$J_{\triangledown} = \int \frac{dJ_0}{2} = \frac{1}{2} \int \varkappa \cdot E' \cdot dF = \frac{1}{2} \cdot \varkappa \cdot E'_m \cdot F,$$

da für die mittlere Horizontalbeleuchtung E'_m der Decke nach Seite 31 die folgende Beziehung besteht:

$$E'_m = \frac{1}{F} \cdot \int E' dF.$$

Aus der Fläche F und der Höhe h der Decke über derjenigen Ebene, für welche jetzt die nutzbare mittlere Horizontalbeleuchtung E_m zu berechnen ist, ergibt sich wieder $1 - \cos\alpha$ und aus der hier in Betracht kommenden Lichtstromtafel III (Seite 139) der zugehörige Wert von Ψ. So erhält man nach derselben Formel wie oben die mittlere Horizontalbeleuchtung

$$E_m = \frac{2\pi\,\Psi}{F}\cdot\frac{J_{\triangledown}}{1000}\cdot k = \frac{2\pi\,\Psi}{F}\cdot\frac{\frac{1}{2}\cdot\varkappa\cdot E'_m\cdot F}{1000}\cdot k$$

$$= \varkappa\cdot\pi\,\frac{\Psi}{1000}\cdot E'_m\cdot k = \varrho\cdot\frac{\Psi}{1000}\cdot E'_m\cdot k.$$

Wie oben (Seite 114) erhalten wurde ist

$$\varkappa\cdot\pi = \varrho$$

der Reflexionsfaktor für den Deckenanstrich. Weiterhin berücksichtigt der Faktor Ψ insbesondere die Höhe des Raumes und der Faktor k die Reflexion der Wände und außerdem die Vergrößerung der Beleuchtung durch die mehrfache Wiederholung der Reflexion.

Der Gang dieser Berechnung soll nachstehend an zwei Beispielen noch näher veranschaulicht und damit gezeigt werden, daß auch für die indirekte Beleuchtung eine Vorausberechnung möglich ist. Allerdings ist die Berechnung etwas umständlicher als diejenige einer direkten Beleuchtung. Auch ist man dabei auf die richtige Schätzung mehrerer Faktoren angewiesen, nämlich des Faktors ϱ für Deckenreflexion und des Faktors k für Wandreflexion; ferner ist die mittlere obere hemisphärische Lichtstärke der anzuwendenden Lampen meist auch nicht bekannt, sondern muß gleichfalls schätzungsweise berechnet werden. Man wird deshalb eine derartige Vorausberechnung im allgemeinen nur für solche Fälle durchführen, für welche noch keine praktischen Erfahrungszahlen vorliegen, um hierdurch wenigstens Anhaltspunkte für die Ausführung zu bekommen und nicht ganz auf das Ausprobieren angewiesen zu sein.

52. Beispiele zur Berechnung der indirekten Beleuchtung.

1. Beispiel: Elektrische Beleuchtung.

Bei den von der Kommission des Deutschen Vereins von Gas- und Wasserfachmännern ausgeführten Münchener Versuchen über indirekte Beleuchtung von Schul- und Zeichensälen wurde ein Zeichensaal von 156 qm Grundfläche und 4,8 m Höhe durch 3 Gleichstrom-Bogenlampen für 12 Ampere mit umgekehrter Kohlenstellung indirekt beleuchtet (siehe Journal für Gasbeleuchtung, 1904, Seite 709, Versuch XI).

Der gesamte Energieverbrauch der 3 Lampen betrug 2137 Watt. Aus Tabelle III (Seite 131) ergibt sich für gewöhnliche Gleichstrom-Bogenlampen über 8 Ampere Stromstärke für je 1000 Watt eine mittlere hemisphärische Lichtstärke von 1670 Kerzen, die hier bei umgekehrter Kohlenstellung für die obere Hemisphäre gilt. Von dem nach der unteren Hemisphäre gelangenden Licht wird zwar durch den Reflektor auch noch ein Teil für die obere Hemisphäre gewonnen, jedoch wird dies durch die etwas geringere Lichtausbeute der Lampen mit umgekehrter Kohlenstellung wieder ungefähr ausgeglichen und man erhält daher für die hier angewandten Lampen die mittlere obere hemisphärische Lichtstärke insgesamt zu

$$J_{\frown} \cdot z = \frac{1670}{1000} \cdot 2137 = 3560 \text{ Kerzen.}$$

Die Lampen waren in 0,75 m Abstand des Lichtpunktes von der Decke aufgehängt, und die Beleuchtung wurde in 1 m Höhe über dem Boden gemessen. Für diese Höhe soll die mittlere Horizontalbeleuchtung berechnet werden.

Aus $F = 156$ qm und $h' = 0{,}75$ m ergibt sich

$$\frac{F}{h'^2} = 278$$

und hieraus

$$1 - \cos\alpha' = 1 - \frac{1}{\sqrt{1 + \frac{F}{\pi h'^2}}} = 0{,}895.$$

Hierfür erhält man aus Lichtstromtafel VII (Seite 147)

$$\Psi' = 958.$$

Die mittlere Horizontalbeleuchtung der Decke wird hiernach

$$E'_m = \frac{2\pi \cdot 958}{156} \cdot \frac{3560}{1000} = 138 \text{ Lux.}$$

Die Höhe der Decke über der Meßebene ist

$$h = 4{,}8 - 1 = 3{,}8 \text{ m.}$$

Man erhält daher

$$\frac{F}{h^2} = 10{,}8$$

$$1 - \cos\alpha = 0{,}526 \text{ (aus Zahlentafel I, Seite 135)}$$

$$\Psi = 775 \text{ (aus Zahlentafel III, Seite 139).}$$

Da die Decke vor den Versuchen rein weiß getüncht worden war, kann der Faktor ϱ für die Deckenreflexion zu 0,65 eingesetzt werden und so erhält man zunächst ohne Berücksichtigung des Faktors k für die Wandreflexion die mittlere Horizontalbeleuchtung in 1 m Höhe über dem Boden nach der oben (Seite 119) abgeleiteten Formel als:

$$E_m = 0{,}65 \cdot 0{,}775 \cdot 138 = 69{,}5 \text{ Lux.}$$

Die Messung der Münchener Kommission ergab eine mittlere Horizontalbeleuchtung von 93,8 Lux.

Hiernach ergibt sich der Faktor für Wandreflexion als

$$k = \frac{93{,}8}{69{,}5} = 1{,}35.$$

Oben (Seite 53) war der Faktor k für hellgestrichene Räume bei direkter Beleuchtung zu 1,2 bis 1,5 angegeben worden. Diese Größe des Faktors für Wandreflexion findet sich hiernach auch bei dem hier durchgeführten Berechnungsverfahren für indirekte Beleuchtung bestätigt.

2. Beispiel: Gasbeleuchtung.

In einem Aufsatze von Schumann (Journal für Gasbeleuchtung, 1907, Seite 113) werden Versuche über indirekte Beleuchtung mittels Preßgasglühlicht beschrieben. Ein Saal einer Münchener Fortbildungsschule von 77 qm Grundfläche und 3,85 m Höhe war mit sechs Preßgasglühlichtlampen indirekt beleuchtet; das nach unten gehende Licht wurde durch weiß gestrichene Blechreflektoren auch nach der Decke geworfen. Die sechs Lampen verbrauchten zusammen 1470 Liter Gas pro Stunde. Nach der Tabelle II (Seite 130) wird mit Millenniumlicht für je 1000 Liter stündlichen Gasverbrauch eine mittlere sphärische Lichtstärke von 710 Kerzen und eine mittlere untere hemisphärische Lichtstärke von 630 Kerzen erhalten. Die mittlere obere hemisphärische Lichtstärke ohne Reflektor beträgt hiernach bei 1000 Liter stündlichem Gasverbrauch (siehe oben Seite 8):

$$J'_{\triangle} = 2\,J_{\circ} - J_{\bigtriangledown} = 1420 - 630 = 790 \text{ Kerzen.}$$

Von dem nach unten gehenden Licht werden durch den Reflektor etwa 40% absorbiert und 60% nach der oberen Hemisphäre reflektiert. Hiernach wird die mittlere obere hemisphärische Lichtstärke mit Reflektor:

$$J''_{\triangle} = 790 + 0{,}6 \cdot 630 = 1170 \text{ Kerzen,}$$

Bei dem angegebenen Gasverbrauch von 1470 Liter pro Stunde wird also die mittlere obere hemisphärische Lichtstärke für alle sechs Lampen

$$J_{\triangle} \cdot z = \frac{1170}{1000} \cdot 1470 = 1720 \text{ Kerzen.}$$

Die Lichtverteilung einer derartigen Lampe mit Reflektor entspricht in der oberen Hemisphäre ungefähr derjenigen des hängenden Gasglühlichts in der unteren Hemisphäre. Die hierfür gegebene Normal-Lichtverteilungskurve kann für die weitere Rechnung benützt werden.

Die Lampen sind 2,7 m über dem Fußboden aufgehängt; also ist

$$h' = 3{,}85 - 2{,}7 = 1{,}15 \text{ m.}$$

Es wird daher

$$\frac{F}{h'^2} = 58$$

$$1 - \cos \alpha' = 0{,}774 \text{ (aus Zahlentafel I, Seite 135)}$$

$$\Psi' = 788 \text{ (aus Zahlentafel XII, Seite 157).}$$

Hieraus ergibt sich die mittlere Horizontalbeleuchtung der Decke:

$$E'_m = \frac{2\pi \cdot 788}{77} \cdot \frac{1720}{1000} = 110{,}5 \text{ Lux.}$$

Die Meßebene wurde in 0,9 m Höhe über dem Erdboden gewählt. Daher wird

$$h = 3{,}85 - 0{,}9 = 2{,}95$$

$$\frac{F}{h^2} = 8{,}8$$

$$1 - \cos \alpha = 0{,}488 \text{ (aus Zahlentafel I, Seite 135)}$$

$$\Psi = 738 \text{ (aus Zahlentafel III, Seite 139).}$$

Auch hier war die Decke bei Vornahme der Versuche neu getüncht; daher wird der Faktor ϱ für Deckenreflexion auch wieder 0,65. Ohne Berücksichtigung des Faktors k für Wandreflexion ergibt sich alsdann die mittlere Horizontalbeleuchtung zu

$$E_m = 0{,}65 \cdot 0{,}738 \cdot 110{,}5 = 53 \text{ Lux},$$

während eine mittlere Horizontalbeleuchtung von 72,5 Lux in dem Raume gemessen wurde.

So erhält man hier für den Faktor der Wandreflexion

$$k = \frac{72{,}5}{53} = 1{,}37,$$

also fast genau denselben Wert wie bei dem vorigen Beispiel.

53. Zusammenstellung von Messungen und Angabe von Werten für die überschlägliche Berechnung der indirekten Beleuchtung.

Zu Erfahrungszahlen für die überschlägliche Berechnung der indirekten Beleuchtung gelangt man am besten auf Grund von Messungen an ausgeführten Anlagen. Es soll daher nachstehend in Tabelle XV (Seite 124) eine Zusammenstellung von Messungen über indirekte Beleuchtung gegeben werden, die von verschiedenen Seiten ausgeführt und in der Fachliteratur veröffentlicht wurden. In der Tabelle sind alle für die Beleuchtung maßgebenden Zahlen enthalten. Die einzelnen Untersuchungen zeigen gute Übereinstimmung in den für die Projektierung neuer Anlagen maßgebenden Vergleichswerten; hauptsächlich sind dies die Werte der Wirtschaftlichkeit (Verbrauch pro Lux und Quadratmeter) und dann auch diejenigen der Bodenfläche pro Lampe. Die in der Tabelle enthaltenen Messungen der Versuchsstelle der Berliner Elektrizitäts-Werke ergaben ungünstigere Werte für den Verbrauch pro Lux und Quadratmeter als die anderen Messungen, weil die Deckenanstriche in den betreffenden Räumen für indirekte Beleuchtung nicht günstig waren.

In der nachfolgenden Tabelle XVI sind die Grenzwerte der Wirtschaftlichkeit für die verschiedenen Arten indirekter Beleuchtung angegeben, wie sie aus den oben zusammengestellten Versuchsergebnissen und aus einer größeren Zahl ausgeführter Anlagen hervorgehen. Mit Hilfe dieser Grenzwerte und der in Tabelle VII (Seite 132) angegebenen Werte für die erforderliche Beleuchtung der verschiedenen Arten von Innen-

Tabelle XV.

Messungsergebnisse über indirekte Beleuchtung von Schul- und Zeichensälen.

Lampenart	Gemessen von	Lampenzahl	Verbrauch pro Lampe	Aufhängehöhe m	Höhe der Meßebene m	Höhe des Raumes m	Bodenfläche des Raumes qm	Bodenfläche pro Lampe qm	Verbrauch pro 1 qm	Verbrauch pro 1 Lux und 1 qm	Horizontalbeleuchtung E_{mittel} Lux	E_{max} Lux	E_{min} Lux	$\frac{E_{max}}{E_{min}}$
			Watt						Watt	Watt				
Gleichstrom-Bogenlampen mit normaler Kohlenstellung	Münchener Kommission[1])	3	770	4	1	4,8	156	52	14,8	0,218	68	82,2	54,8	1,50
	Uppenborn, München[2])	2	550	3	—	4	72	36	15,3	0,246	62,2	83,2	42,8	1,95
	Lehmann-Richter, Nürnberg[3])	2	605	—	—	—	95	47,5	12,8	0,188	68	—	—	—
	B. E. W. Versuchsstelle	4	540	3	1,2	3,6	152	38	14,2	0,295[5])	48	65	29,5	2,2
	desgl.	2	550	2,9	1,2	3,5	72	36	15,3	0,303[5])	50,5	70	29,5	2,4
Gleichstrom-Bogenlampen mit umgekehrter Kohlenstellung	Münchener Kommission[1])	3	735	4	1	4,8	156	52	14,1	0,136	104	132,9	79,9	1,67
	desgl.	3	715	4	1	4,8	156	52	13,7	0,146	93,8	115,7	75,2	1,54
	B. E. W. Versuchsstelle	2	650	2,5	1,2	3,5	72	36	18,0	0,220[5])	82	132	43	3,0
			l/Std.						l/Std.	l/Std.				
Gewöhnliches Gasglühlicht	Münchener Kommission[1])	52	110	4	1	4,8	156	3	36,8	0,415	88,5	103,1	70,7	1,45
	Lehmann-Richter, Nürnberg[3])	14	119	—	—	—	95	6,8	17,6	0,360	49	—	—	—
Preßgas-Glühlicht (Selaslicht)	Münchener Kommission[1])	10	375	4	1	4,8	156	15,6	24,0	0,286	84	95,2	73,4	1,30
Preßgas-Glühlicht (Millenniumlicht)	Münchener Kommission[1])	8	480	4	1	4,8	156	19,5	24,6	0,300	82,4	101,3	69,7	1,45
	Schumann, München[4])	6	245	2,7	0,9	3,85	77	12,8	19,1	0,263	72,5	80	63	1,27

[1]) Journ. f. Gasbel. 1904, S. 713—715. [2]) E. T. Z. 1906, S. 360. [3]) Journ. f. Gasbel. 1904, S. 349.
[4]) Journ. f. Gasbel. 1907, S. 113. [5]) Höher als normal, weil Deckenanstrich für indirekte Beleuchtung nicht günstig.

räumen kann man die überschlägliche Berechnung der indirekten Beleuchtung rasch und einfach durchführen, ebenso wie es oben (Seite 78) für direkte Beleuchtung gezeigt wurde.

Tabelle XVI.

Praktische Zahlenwerte für die Wirtschaftlichkeit bei indirekter Beleuchtung.

Die Beleuchtung erfolgt durch:	Normaler Verbrauch pro Lampe	Verbrauch pro Lux und qm
Gleichstrom-Bogenlampen mit normaler Kohlenstellung .	400—900 Watt	0,20—0,35 Watt
Gleichstrom-Bogenlampen mit umgekehrter Kohlenstellung	400—900 Watt	0,14—0,25 Watt
Gewöhnliches Gasglühlicht .	100—180 l/Std.	0,35—0,50 l/Std.
Preßgas-Glühlicht (Selas- und Millenniumlicht)	200—500 l/Std.	0,25—0,40 l/Std.

Bei den Grenzwerten für die Wirtschaftlichkeit beziehen sich die niedrigeren Werte auf frisch getünchte Decken. Da im Laufe der Zeit jeder Deckenanstrich allmählich dunkler wird, empfiehlt es sich, die indirekte Beleuchtung so zu projektieren, daß die als erforderlich anzusehende Beleuchtung auch noch erreicht wird, wenn der Raum schon einige Zeit in Benützung war und das Reflexionsvermögen der Decke nachgelassen hat. Man wird daher für die Projektierung der indirekten Beleuchtung nach obiger Tabelle XVI nicht die niedrigsten, sondern höchstens die Mittelwerte der Wirtschaftlichkeit benützen. Bei einer gut gehaltenen Anlage für indirekte Beleuchtung sollten übrigens die Decken bei elektrischer Beleuchtung mindestens alle drei Jahre, bei Gasbeleuchtung mindestens alle zwei Jahre frisch getüncht werden.

Wenn man mit Hilfe des Wertes der Wirtschaftlichkeit den Gesamtverbrauch für den zu beleuchtenden Raum ermittelt hat, ergibt sich die ungefähre Anzahl der erforderlichen Lampen aus den gleichfalls in Tabelle XVI eingetragenen Werten des normalen Verbrauches für eine Lampe. Man wählt die Lampenzahl um so größer, je gleichmäßiger die Beleuchtung werden soll. Weitere Anhaltspunkte hierfür geben auch die in Tabelle XV enthaltenen Werte der Bodenfläche pro Lampe.

Ausführliche Tabellen über Zahl und Stärke der für indirekte Beleuchtung anzuwendenden Lampen finden sich für elektrische Bogenlampen bei Uppenborn, Deutscher Kalender für Elektrotechniker, Jahrgang 1907, Seite 306—308 und ferner bei Högner, Lichstrahlung und Beleuchtung, Tabellen XXII und XXIII, Seite 50; für Gasbeleuchtung in Schaars Kalender für das Gas- und Wasserfach, Jahrgang 1907, Seite 161.

Auch die überschlägliche Berechnung der indirekten Beleuchtung soll durch ein Beispiel erläutert werden:

Ein Zeichensaal von 100 qm Bodenfläche soll mit einer mittleren Horizontalbeleuchtung von 80 Lux durch gewöhnliche Bogenlampen mit normal stehenden Kohlen indirekt beleuchtet werden. Der erforderliche Energieverbrauch und die Lampenzahl seien zu berechnen. Aus Tabelle XVI ergibt sich für den Verbrauch pro Lux und Quadratmeter als Mittelwert 0,28 Watt. Hiernach wird der gesamte Energieverbrauch für den Saal (siehe Seite 79)

$$A = \sigma \cdot E_m \cdot F = 0{,}28 \cdot 80 \cdot 100 = 2240 \text{ Watt.}$$

Wählt man die Lampenzahl zu 4, so ergibt sich für eine Lampe ein Verbrauch von 560 Watt, was einer Stromstärke von rund 10 Ampere bei 55 Volt Spannung pro Lampe entspricht.

54. Vergleich der Beleuchtungsarten.

Den Vergleich der verschiedenen Beleuchtungsarten für indirekte Beleuchtung kann man auch hier wieder auf Grund des Wertes der Wirtschaftlichkeit durchführen, wenn man die Einheitspreise für die verbrauchte Energie berücksichtigt; man geht dabei in gleicher Weise vor wie es oben (Seite 77) für direkte Beleuchtung gezeigt wurde. Sofern nicht die Bedienungskosten der Beleuchtung als annähernd übereinstimmend vorausgesetzt werden können, muß man auch diese bei dem Vergleich berücksichtigen, was die Ergebnisse oft wesentlich beeinflussen kann. Die Münchener Kommission des Deutschen Vereins der Gas- und Wasserfachmänner hat im Anschluß an ihre Versuche über indirekte Beleuchtung von Schul- und Zeichensälen den Vergleich der verschiedenen Arten indirekter Beleuchtung eingehend durchgeführt (siehe Journal für

Gasbeleuchtung, 1904, Seite 720 bis 722). Die dabei erhaltenen zahlenmäßigen Resultate ändern sich natürlich, wenn die Einheitspreise der elektrischen Energie und des Gases andere sind und andere Betriebsverhältnisse in Frage kommen.

Vergleicht man die Werte der Wirtschaftlichkeit für indirekte Beleuchtung (Tabelle XVI, Seite 125) mit denen für direkte Beleuchtung durch gleichartige Lichtquellen (Tabelle VIII, Seite 133), so findet man dieselben annähernd übereinstimmend, was also bedeuten würde, daß die indirekte Beleuchtung im Betrieb kaum teurer ist als die direkte. Es erscheint dies zunächst etwas ungewöhnlich, wenn man die beträchtlichen Absorptionsverluste in den angewandten Reflektoren und dem Deckenanstrich in Betracht zieht. Jedoch treten bei direkter Beleuchtung auch Absorptionsverluste in Glocken und Reflektoren auf, wenn auch in etwas geringerem Grade. Ferner wird bei direkter Beleuchtung das gesamte erzeugte Licht nicht in demselben Maße zur Beleuchtung ausgenützt wie bei indirekter Beleuchtung, sondern wird zum Teil an die Wände und Decken geworfen, die bei Anlagen für direkte Beleuchtung meist nicht so hell und gut reflektierend ausgeführt sind wie bei indirekter Beleuchtung; hierdurch geht oft ein beträchtlicher Teil des Lichtes an den Wänden und Decken verloren. So kommt es, daß der Energieverbrauch bei indirekter Beleuchtung nur unwesentlich höher ausfällt als bei einer gleichstarken direkten Beleuchtung eines Innenraums. Wenn es allerdings nur darauf ankommt, die in einem Raume befindlichen Tische gut zu beleuchten, während der übrige Teil des Raumes ziemlich dunkel sein kann, so ist dies durch direkte Beleuchtung mit unmittelbar über den Tischen in geringer Höhe angebrachten Lampen mit einem wesentlich geringeren Energieaufwand zu ermöglichen, als er erforderlich wäre, um den ganzen Raum indirekt zu beleuchten.

55. Halbzerstreute Beleuchtung.

Oft ist es nicht erforderlich und unter Umständen sogar gar nicht rühmenswert, daß die Beleuchtung eines Raumes ganz schattenlos ausgeführt wird; außerdem will man manchmal nicht darauf verzichten, die Lichtquellen selbst zu sehen. Wird dabei trotzdem eine möglichst gleichmäßige Beleuchtung ohne störende Schatten verlangt, so kommt die halbzerstreute Beleuchtung in Betracht. Bei dieser sind die Reflektoren, die bei ganz indirekter Beleuchtung aus emailliertem Blech undurchsichtig ausgeführt sind, aus ziemlich dichtem Opalglas oder aus Milchglas hergestellt. Ein Teil des Lichtes geht dann direkt nach unten, während der größere Teil ebenso wie bei der ganz indirekten Beleuchtung nach der Decke gelangt. Bei einer derartigen Beleuchtung erreicht man im allgemeinen eine etwas günstigere Ausnützung des Lichtes, und zwar ist bei normaler Kohlenstellung der Verbrauch pro Lux und qm um etwa 15 bis 25 % geringer als bei gleichartiger ganz indirekter Beleuchtung. Unter Berücksichtigung dieses Unterschiedes kann die überschlägliche Berechnung der halbzerstreuten Beleuchtung gleichfalls mit den oben in Tabelle XVI (Seite 125) angegebenen Werten durchgeführt werden.

Anhang.

Energieverbrauch und Lichtausbeute der gebräuchlichsten Lichtquellen.

Tabelle I.

Lampen mit flüssigem Brennstoffe.

Lampenart:	Normaler Verbrauch einer Lampe: ccm pro Stunde	Normale Ökonomie: ccm pro Kerzenstunde horizontaler Lichtstärke	Mittelwerte: ccm pro Kerzenstunde			Mittelwerte: Für je 1 Liter pro Stunde		
			horizontal	sphärisch	hemisphärisch	J_{hor}	$J_{\circ}$	$J_{\triangledown}$
Petroleumlampen . . .	50—150	4,5—3,0	3,5	4,0	5,5	285	250	180
Petroleumglühlicht . . .	50—100	1,5—1,0	1,2	1,6	2,1	830	620	480
Spiritusglühlicht	50—150	2,5—1,5	1,9	2,8	3,7	530	360	270

Tabelle II.

Lampen mit gasförmigem Brennstoffe.

Lampenart:	Normaler Verbrauch einer Lampe: Liter pro Stunde	Normale Ökonomie: Liter pro Kerzenstunde horizontaler Lichtstärke	Mittelwerte: Liter pro Kerzenstunde			Mittelwerte: Für je 1000 Liter pro Stunde		
			horizontal	sphärisch	hemisphärisch	J_{hor}	$J_{\circ}$	$J_{\triangledown}$
Acetylen (Zweilochbrenner) . .	20—60	0,9—0,6	0,7	1,1	1,2	1430	910	830
Leuchtgas mit normalem Druck:								
Schnittbrenner	140—500	12—8	10	16	17	100	63	59
Argandbrenner	100—500	10—7	8	11	12,5	125	90	80
Stehendes Gasglühlicht	80—180	1,6—1,2	1,4	1,9	2,2	710	530	460
Hängendes Gasglühlicht	60—120	1,8—0,8	1,3	1,5	1,3	770	670	770
Lukas-Licht	250—650	1,2—1,0	1,1	1,5	1,7	910	670	590
Preßgas:								
Millenniumlicht und Pharos-Licht	200—1200	1,2—0,8	1,0	1,4	1,6	1000	710	630
Selas-Licht	200—1500	1,0—0,8	0,9	1,2	1,4	1110	830	710

Anmerkungen zu den Tabellen I—III.

1. Sämtliche Angaben über Lichtstärken beziehen sich auf die Lichtstärken der Lampen ohne Glocke und Reflektor. Über den Einfluß der Glocken und Reflektoren auf die Größe der Lichtstärke siehe Seite 23.

2. Die Angaben über den Verbrauch elektrischer Bogenlampen und Dampflampen beziehen sich auf die normale Gebrauchsspannung. Der Verlust in dem Vorschaltwiderstand ist also in diesen Angaben mit enthalten.

3. Bei Wechselstrom-Bogenlampen ist die Lichtausbeute, auf die mittlere hemisphärische Lichtstärke bezogen, um etwa 25—50 % geringer

Tabelle III.

Elektrische Lampen.

Lampenart	Normaler Verbrauch einer Lampe: Watt	Normale Ökonomie: Watt pro Kerze mittlerer horizontaler Lichtstärke	Mittelwerte: Watt pro Kerze: horizontal	sphärisch	hemisphärisch	Für je 1000 Watt: J_{hor}	$J_{\bigcirc}$	$J_{\bigtriangledown}$
Glühlampen:								
Kohlenfadenglühlampen	20—350	4,0—3,0	3,3	4,2	4,0	300	240	250
Glühlampen mit metallisierten Kohlenfäden .	10—100	2,5—2,0	2,2	2,8	2,7	450	360	370
Nernst-Lampen	50—200	1,8—1,5	1,7	2,4	2,0	590	420	500
Tantal-Lampen	20—80	1,8—1,6	1,7	2,2	2,1	590	450	480
Osmium-Lampen . . .	25—50	1,6—1,5	1,5	1,9	1,8	670	530	550
Wolfram- und Osram-Lampen	25—220	1,2—1,0	1,1	1,4	1,3	910	710	770
Dampflampen:		Watt pro Kerze maxim. Lichtstärke	Watt pro Kerze: maximal	sphärisch	hemisphärisch	Für je 1000 Watt: J_{max}	$J_{\bigcirc}$	$J_{\bigtriangledown}$
Gewöhnl. Glas-Quecksilberlampen	200—500	0,9—0,7	0,8	1,0	0,9	1250	1000	1110
Quarzglas-Quecksilberlampen	300—900	0,4—0,25	0,35	0,6	0,4	2850	1650	2500
Gleichstrom Bogenlampen:		Watt pro Kerze hemisphärischer Lichtstärke						
Gewöhnl. Bogenlampen unter 8 Amp.	200—450	1,0—0,7		1,5	0,85		670	1180
Gewöhnl. Bogenlampen über 8 Amp.	450—1500	0,7—0,5		1,1	0,6		910	1670
Miniatur-Bogenlampen .	150—350	1,4—1,0		1,7	1,1		590	910
Spar-Bogenlampen . . .	350—900	1,0—0,7		1,4	0,85		710	1180
Dauerbrand-Bogenlampen	400—1000	1,2—0,9		1,6	1,0		620	1000
Flammenbogenlampen mit übereinander stehenden Effektkohlen	300—1000	0,45—0,3		0,75	0,4		1330	2500
Intensiv-Flammenbogenlampen mit nebeneinander stehenden Effektkohlen	300—1100	0,25—0,17		0,39	0,2		2560	5000
Intensiv-Bogenlampen mit nebeneinander stehenden Reinkohlen . .	600—1200	1,1—0,8		1,6	0,9		620	1100

als bei Gleichstrom-Bogenlampen, auf die mittlere sphärische Lichtstärke bezogen um etwa 20—40 %. Im umgekehrten Verhältnis ist die Ökonomie der Wechselstrom-Bogenlampen höher als diejenige der entsprechenden Gleichstrom-Bogenlampen.

Tabelle VII.

Praktische Zahlenwerte für die mittlere Horizontalbeleuchtung

Straßenbeleuchtung	Mittlere Horizontalbeleuchtung 1,5 m über dem Erdboden
Nebenstraßen mit schwachem Verkehr . . .	0,5—1 Lux
Nebenstraßen mit stärkerem Verkehr . . .	1,5—3 „
Hauptstraßen mit starkem Verkehr	3—6 „

Innenbeleuchtung	Mittlere Horizontalbeleuchtung 1 m über dem Fußboden
Nebenräume, Hausgänge, Schlafräume . .	5—10 Lux
Einfache Hotelzimmer, Lagerräume . . .	10—15 „
Einfache Wohn- und Speisezimmer . . . . Elegante Hotelzimmer . . . . Spinnereien	15—20 „
Salons und elegante Wohnzimmer . . . . Werkstätten für einfache Handarbeit . . .	20—30 „
Maschinenfabriken, Schlossereien . . . . . Webereien	25—35 „
Werkstätten für Feinmechanik . . . . . . Kaufmännische Bureaux . . . . Verkaufsräume . . . . Schulzimmer und Hörsäle . . . . Restaurations-, Konzert- und Festsäle . . .	35—50 „
Setzereien . . . . Zeichensäle . . . . Verkaufsräume und Festsäle mit reichlicher Beleuchtung	60—80 „

Tabelle VIII.

Praktische Zahlenwerte für die Wirtschaftlichkeit der gebräuchlichsten Beleuchtungsarten.

Die Beleuchtung erfolgt durch	Verbrauch pro Lux und qm	
	Straßen-beleuchtung	Innen-beleuchtung
Kohlenfadenglühlampen	0,8—1,2 Watt	0,5—1,2 Watt
Metallfadenglühlampen	0,25—0,4 „	0,15—0,4 „
Gewöhnliche Gleichstrom-Bogenlampen	0,15—0,25 „	0,15—0,3 „
Gleichstrom-Intensiv-Flammenbogenlampen	0,05—0,12 „	—
Stehendes Gasglühlicht	0,4—0,6 l/Stde.	0,3—0,6 l/Stde.
Stehendes Preßgas-Glühlicht . . .	0,3—0,6 „	0,2—0,4 „
Hängendes Gasglühlicht	0,25—0,45 „	0,2—0,4 „

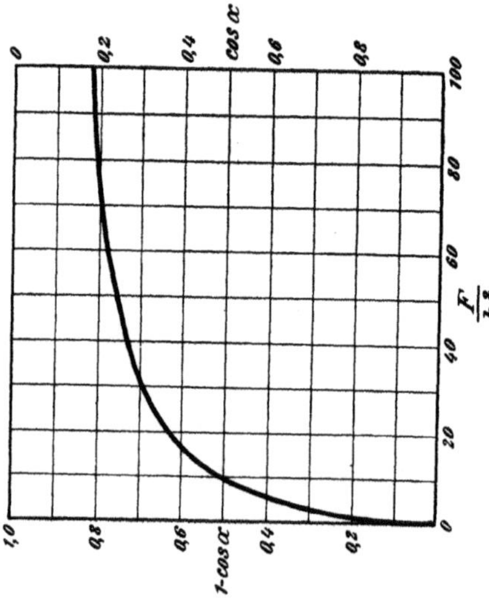

Kurve für $1 - \cos\alpha = 1 - \frac{1}{\sqrt{1 + \frac{F}{\pi h^2}}}$.

Fig. 12.

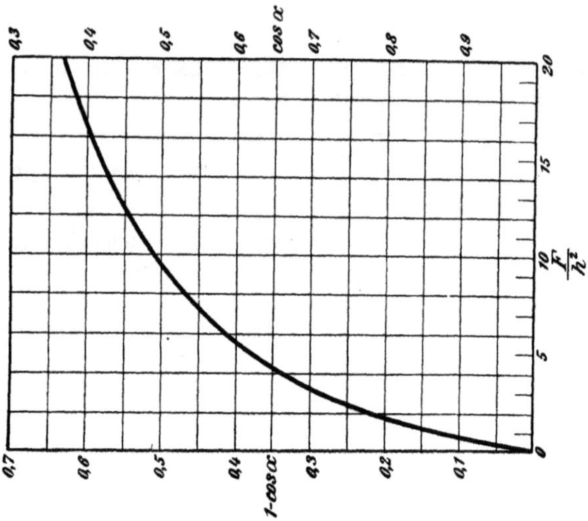

Kurve für $1 - \cos\alpha = 1 - \frac{1}{\sqrt{1 + \frac{F}{\pi h^2}}}$.

Fig. 13.

Zahlentafel I.

Tafel für $1 - \cos\alpha = 1 - \dfrac{1}{\sqrt{1 + \dfrac{F}{\pi h^2}}}$.

$\frac{F}{h^2}$	0	1	2	3	4	5	6	7	8	9	10	$\frac{F}{h^2}$
0	0	,130	,220	,284	,336	,379	,414	,444	,470	,492	,512	0
10	,512	,530	,545	,559	,572	,583	,594	,605	,615	,624	,632	10
20	,632	,640	,647	,654	,660	,666	,672	,677	,682	,687	,692	20
30	,692	,697	,701	,705	,709	,713	,717	,721	,724	,727	,730	30
40	,730	,733	,736	,739	,742	,744	,747	,750	,753	,755	,757	40
50	,757	,760	,762	,764	,766	,768	,770	,772	,774	,776	,777	50
60	,777	,779	,780	,782	,784	,785	,787	,789	,790	,792	,793	60
70	,793	,795	,796	,798	,799	,800	,802	,803	,804	,805	,806	70
80	,806	,807	,808	,809	,810	,811	,812	,813	,814	,815	,816	80
90	,816	,817	,818	,819	,820	,821	,822	,823	,824	,825	,825	90
	0	1	2	3	4	5	6	7	8	9	10	

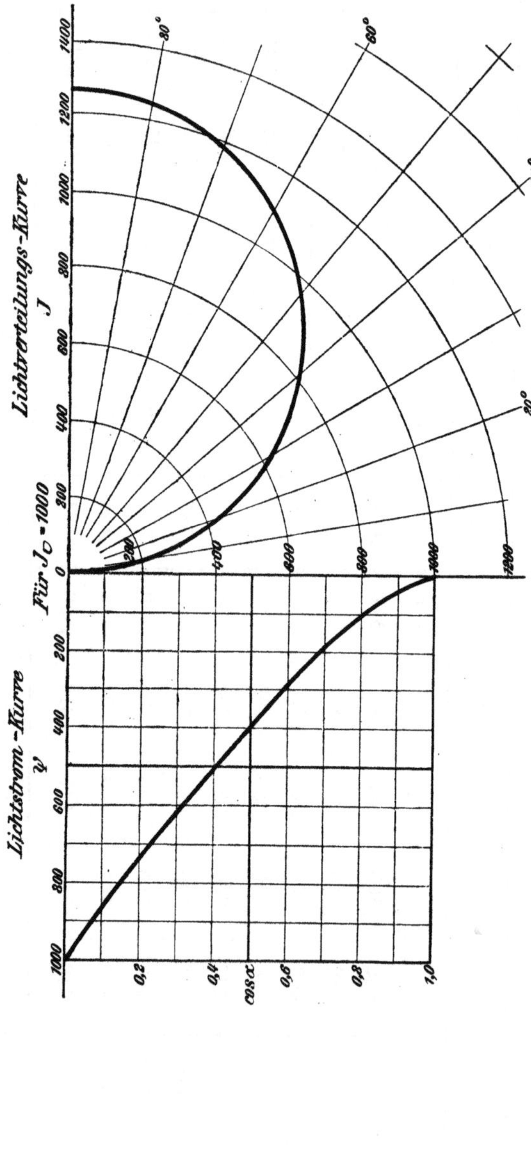

$J = J_{90} \cdot \sin \alpha.$

Fig. 14.

Zahlentafel II.

Lichtstrom-Tafel für $J = J_{90} \cdot \sin \alpha$.

1 — cos α	0	1	2	3	4	5	6	7	8	9	10	
0	0	1	3	6	10	14	18	22	27	32	37	0,9
0,1	37	43	49	55	62	69	76	83	90	97	104	0,8
0,2	104	112	120	128	136	144	152	161	170	179	188	0,7
0,3	188	197	206	215	224	233	243	253	263	273	283	0,6
0,4	283	293	303	314	325	336	347	358	369	380	391	0,5
0,5	391	402	413	424	435	447	458	469	481	493	505	0,4
0,6	505	516	528	540	552	564	576	588	600	612	624	0,3
0,7	624	636	648	660	672	685	697	710	722	734	747	0,2
0,8	747	759	772	784	797	810	822	835	847	860	873	0,1
0,9	873	885	898	910	923	936	948	961	974	987	1000	0
	10	9	8	7	6	5	4	3	2	1	0	cos α

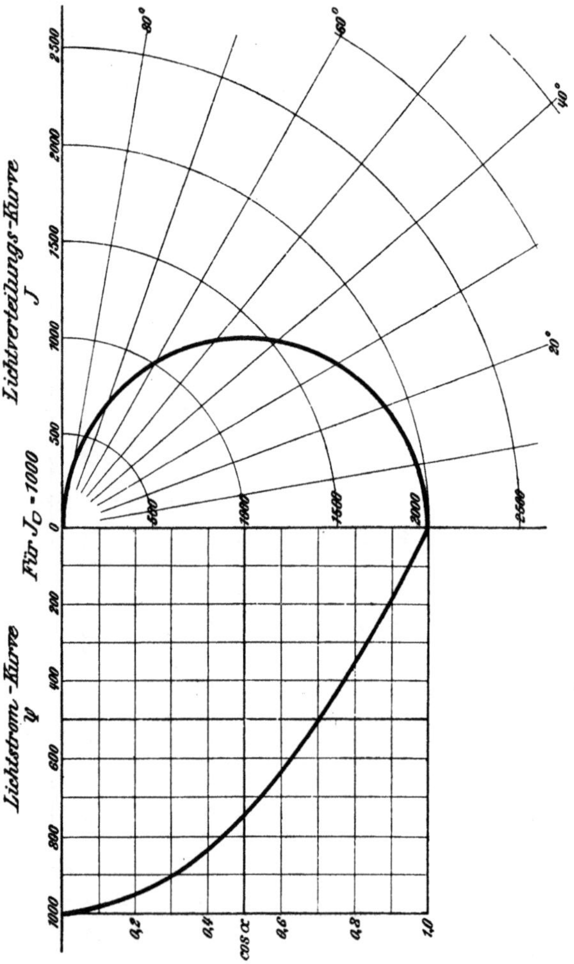

$J = J_0 \cdot \cos\alpha.$

Fig. 15.

Zahlentafel III.

Lichtstrom-Tafel für $J = J_0 \cdot \cos\alpha$.

$1-\cos\alpha$	0	1	2	3	4	5	6	7	8	9	10	
0	0	20	40	59	78	97	116	135	154	172	190	0,9
0,1	190	208	226	243	260	277	294	311	328	344	360	0,8
0,2	360	376	392	407	422	437	452	467	482	496	510	0,7
0,3	510	524	538	551	564	577	590	603	616	628	640	0,6
0,4	640	652	664	675	686	697	708	719	730	740	750	0,5
0,5	750	760	770	779	788	797	806	815	824	832	840	0,4
0,6	840	848	856	863	870	877	884	891	898	904	910	0,3
0,7	910	916	922	927	932	937	942	947	952	956	960	0,2
0,8	960	964	968	971	974	977	980	983	986	988	990	0,1
0,9	990	992	994	995	996	997	998	999	1000	1000	1000	0
	10	9	8	7	6	5	4	3	2	1	0	$\cos\alpha$

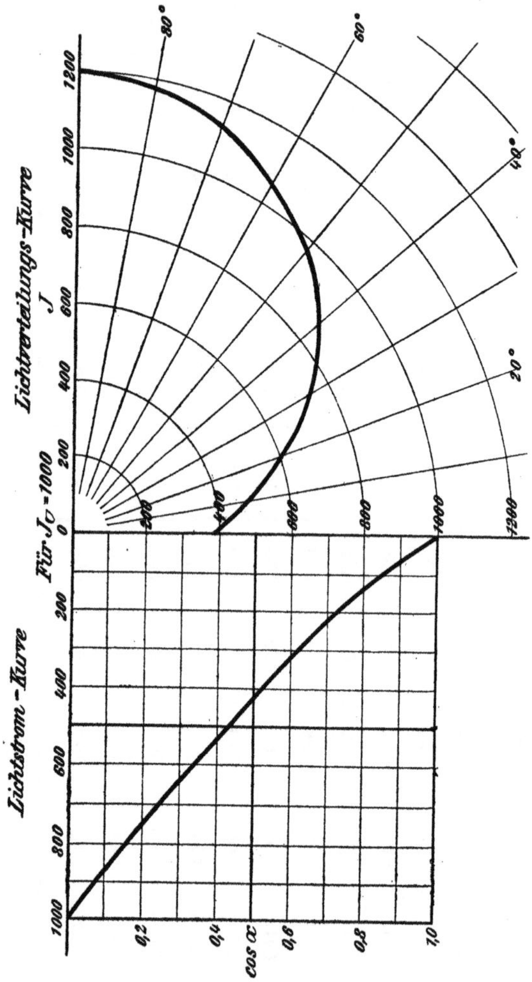

Fig. 16.

Kohlenfaden- und Metallfaden-Glühlampen.

Zahlentafel IV.

Lichtstrom-Tafel für Kohlenfaden- und Metallfaden-Glühlampen.

1 — cos α	0	1	2	3	4	5	6	7	8	9	10	
0	0	4	8	13	18	24	30	36	42	49	56	0,9
0,1	56	63	70	77	85	93	101	109	117	125	133	0,8
0,2	133	141	149	158	167	176	185	194	203	212	221	0,7
0,3	221	230	239	249	259	269	279	289	299	309	319	0,6
0,4	319	329	339	349	359	370	380	390	400	411	422	0,5
0,5	422	432	442	453	464	475	486	497	508	519	530	0,4
0,6	530	541	552	563	574	586	597	608	619	631	643	0,3
0,7	643	654	665	677	689	701	712	724	736	748	760	0,2
0,8	760	771	783	795	807	819	831	843	855	867	879	0,1
0,9	879	891	903	915	927	939	951	963	975	987	1000	0
	10	9	8	7	6	5	4	3	2	1	0	cos α

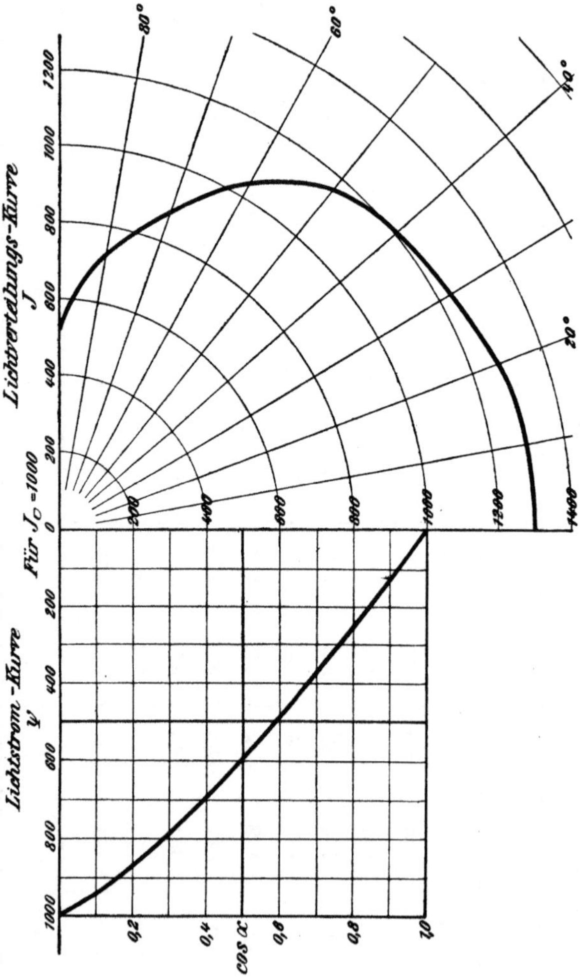

Fig. 17.

Kohlenfaden- und Metallfaden-Glühlampen mit Reflektoren und Holophan-Glocken.

Zahlentafel V.

Lichtstrom-Tafel für Kohlenfaden- und Metallfaden-Glühlampen mit Reflektoren und Holophan-Glocken.

1 — cos α	0	1	2	3	4	5	6	7	8	9	10	
0	0	13	26	39	52	65	78	91	104	116	128	0,9
0,1	128	141	154	166	178	190	203	215	227	239	251	0,8
0,2	251	264	276	288	300	312	324	336	348	360	372	0,7
0,3	372	384	396	408	420	431	443	455	466	477	488	0,6
0,4	488	500	511	522	533	544	555	566	577	588	598	0,5
0,5	598	609	619	629	639	649	659	669	679	689	698	0,4
0,6	698	708	718	727	736	745	754	763	772	781	789	0,3
0,7	789	798	806	814	822	830	838	846	854	862	869	0,2
0,8	869	877	885	892	899	906	913	920	927	934	940	0,1
0,9	940	947	954	960	966	972	978	984	990	995	1000	0
	10	9	8	7	6	5	4	3	2	1	0	cos α

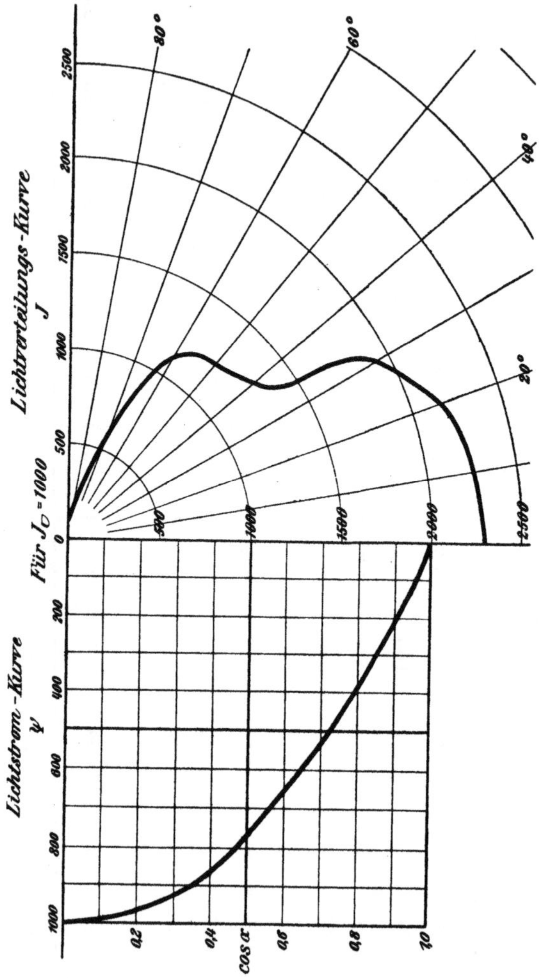

Fig. 18.

Kohlenfaden- und Metallfaden-Glühlampen mit stark nach unten wirkenden Reflektoren.

Zahlentafel VI.

Lichtstrom-Tafel für Kohlenfaden- und Metallfaden-Glühlampen mit stark nach unten wirkenden Reflektoren.

1—cos α	0	1	2	3	4	5	6	7	8	9	10	
0	0	23	45	67	89	111	133	155	176	197	217	0,9
0,1	217	237	257	277	296	315	334	352	369	384	398	0,8
0,2	398	411	424	437	450	463	476	489	502	515	527	0,7
0,3	527	540	553	565	577	589	602	614	626	638	650	0,6
0,4	650	662	674	686	698	710	722	734	745	756	767	0,5
0,5	767	778	789	800	810	820	830	840	849	858	866	0,4
0,6	866	874	882	889	896	902	908	914	919	924	929	0,3
0,7	929	934	939	943	947	951	955	958	961	964	967	0,2
0,8	967	970	972	974	976	978	980	982	984	985	986	0,1
0,9	986	988	990	992	993	994	996	997	998	999	1000	0
	10	9	8	7	6	5	4	3	2	1	0	cos α

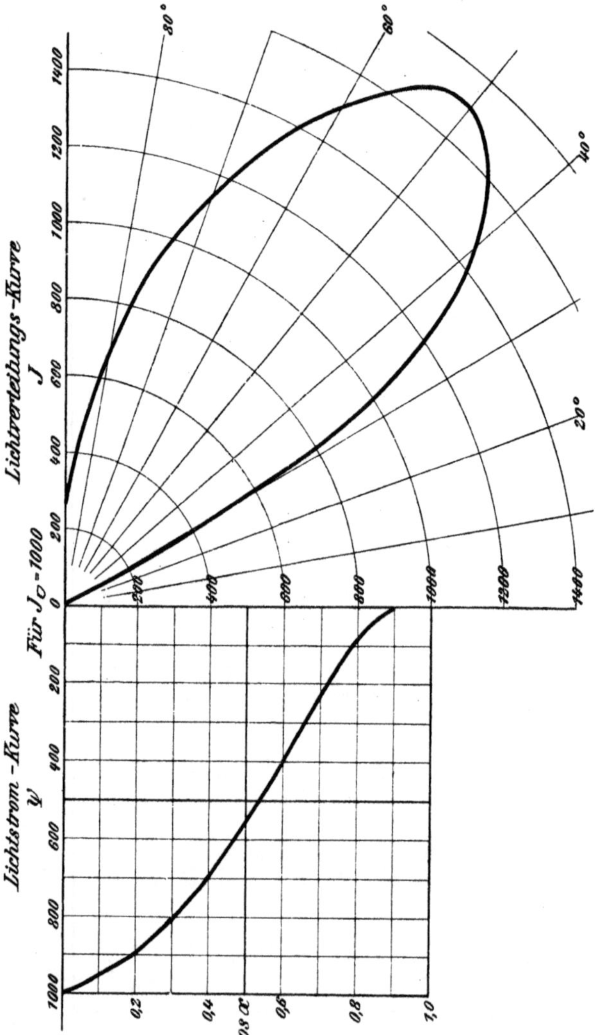

Fig. 19.

Gewöhnliche Gleichstrom-Bogenlampen ohne Glocke und mit neuer Klarglas-Glocke.

Zahlentafel VII.

Lichtstrom-Tafel für gewöhnliche Gleichstrom-Bogenlampen ohne Glocke und mit neuer Klarglas-Glocke.

$1-\cos\alpha$	0	1	2	3	4	5	6	7	8	9	10	
0	0	0	0	1	1	1	2	2	3	3	4	0,9
0,1	4	9	15	22	29	37	46	56	67	79	92	0,8
0,2	92	105	119	133	147	162	177	193	209	225	241	0,7
0,3	241	257	273	289	306	323	340	357	374	391	408	0,6
0,4	408	425	441	457	473	489	505	520	535	550	565	0,5
0,5	565	580	594	608	622	636	650	663	676	689	702	0,4
0,6	702	715	727	739	751	762	773	784	795	805	815	0,3
0,7	815	825	834	843	852	861	870	878	886	894	901	0,2
0,8	901	908	915	922	928	934	940	946	951	956	961	0,1
0,9	961	966	971	975	979	983	987	991	994	997	1000	0
	10	9	8	7	6	5	4	3	2	1	0	

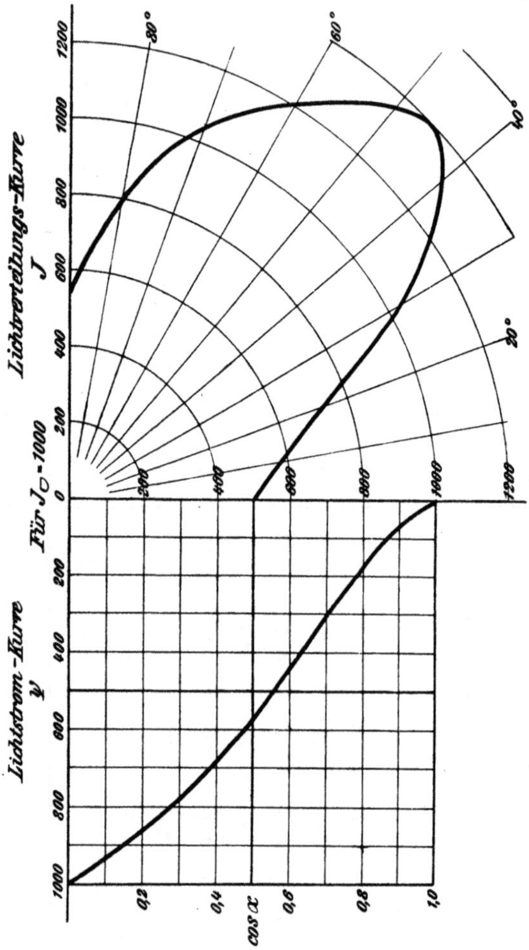

Fig. 20.

Gewöhnliche und Flammen-Bogenlampen mit Opalglas- und Alabaster-Glocken für Gleichstrom und für Wechselstrom mit Lichtpunkt-Reflektor.

Zahlentafel VIII.

Lichtstrom-Tafel für gewöhnliche und Flammen-Bogenlampen mit Opal- und Alabaster-Glocken für Gleichstrom und für Wechselstrom mit Lichtpunkt-Reflektor.

1 — cos α	0	1	2	3	4	5	6	7	8	9	10	
0	0	5	10	15	21	28	35	43	51	59	68	0,9
0,1	68	77	87	97	107	118	129	140	152	164	177	0,8
0,2	177	190	203	216	229	242	255	268	281	295	309	0,7
0,3	309	323	337	350	363	376	390	403	416	429	442	0,6
0,4	442	455	468	481	494	506	519	532	544	556	568	0,5
0,5	568	580	592	604	616	627	639	650	661	672	683	0,4
0,6	683	694	705	716	726	736	746	756	766	776	785	0,3
0,7	785	795	804	813	822	830	838	846	854	862	870	0,2
0,8	870	878	885	892	899	906	913	920	926	933	939	0,1
0,9	939	946	952	958	964	970	976	982	988	994	1000	0
	10	9	8	7	6	5	4	3	2	1	0	cos α

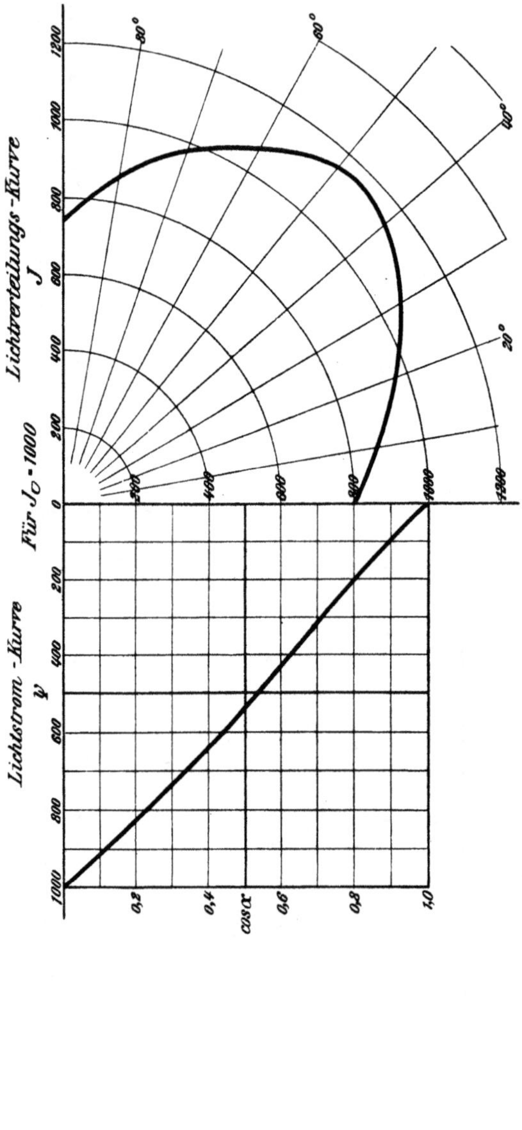

Fig. 21.

Dauerbrandlampen und Sparlampen für Gleich- und Wechselstrom mit Opalglas und Alabaster-Glocken.

Zahlentafel IX.

Lichtstrom-Tafel für Dauerbrandlampen und Sparlampen für Gleich- und Wechselstrom mit Opalglas- und Alabaster-Glocken.

$1-\cos\alpha$	0	1	2	3	4	5	6	7	8	9	10	
0	0	8	17	26	35	45	55	65	75	85	95	0,9
0,1	95	105	115	125	135	146	157	168	179	190	201	0,8
0,2	201	212	223	234	245	256	267	278	289	301	313	0,7
0,3	313	325	337	349	361	373	384	395	406	417	428	0,6
0,4	428	439	450	461	472	483	494	505	516	527	537	0,5
0,5	537	548	559	570	580	590	601	612	622	632	642	0,4
0,6	642	652	662	672	682	692	702	712	722	732	741	0,3
0,7	741	751	761	771	780	789	799	808	817	826	835	0,2
0,8	835	844	853	862	871	879	888	896	904	912	920	0,1
0,9	920	928	936	944	952	960	968	976	984	992	1000	0
	10	9	8	7	6	5	4	3	2	1	0	$\cos\alpha$

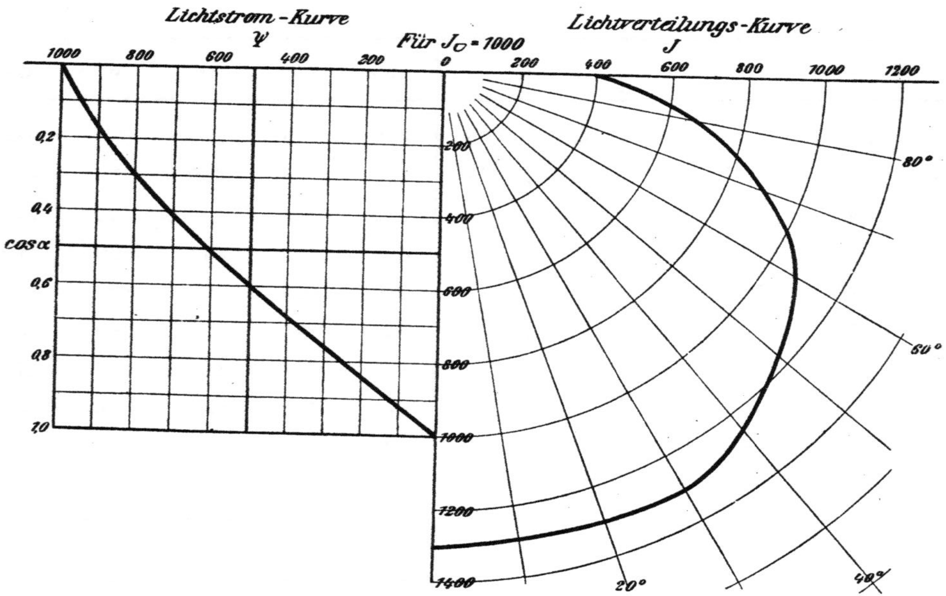

Fig. 22.

Intensiv-Flammenbogenlampen für Gleich- und Wechselstrom mit Klarglas- und Opalglas-Glocken.

Zahlentafel X.

Lichtstrom-Tafel für Intensiv-Flammenbogenlampen für Gleich- und Wechselstrom mit Klarglas- und Opalglas-Glocken.

1 — cos α	0	1	2	3	4	5	6	7	8	9	10	
0	0	12	25	38	51	64	77	90	103	116	129	0,9
0,1	129	142	156	169	182	195	208	221	234	247	260	0,8
0,2	260	273	286	299	312	324	337	350	362	374	386	0,7
0,3	386	398	410	422	434	446	458	470	482	493	504	0,6
0,4	504	516	527	538	549	560	571	582	593	604	614	0,5
0,5	614	625	636	646	656	666	676	686	696	706	716	0,4
0,6	716	726	736	745	754	763	772	781	790	799	808	0,3
0,7	808	816	824	832	840	848	856	864	871	878	885	0,2
0,8	885	892	899	906	912	918	924	930	936	942	947	0,1
0,9	947	953	959	964	969	975	980	985	990	995	1000	0
	10	9	8	7	6	5	4	3	2	1	0	cos α

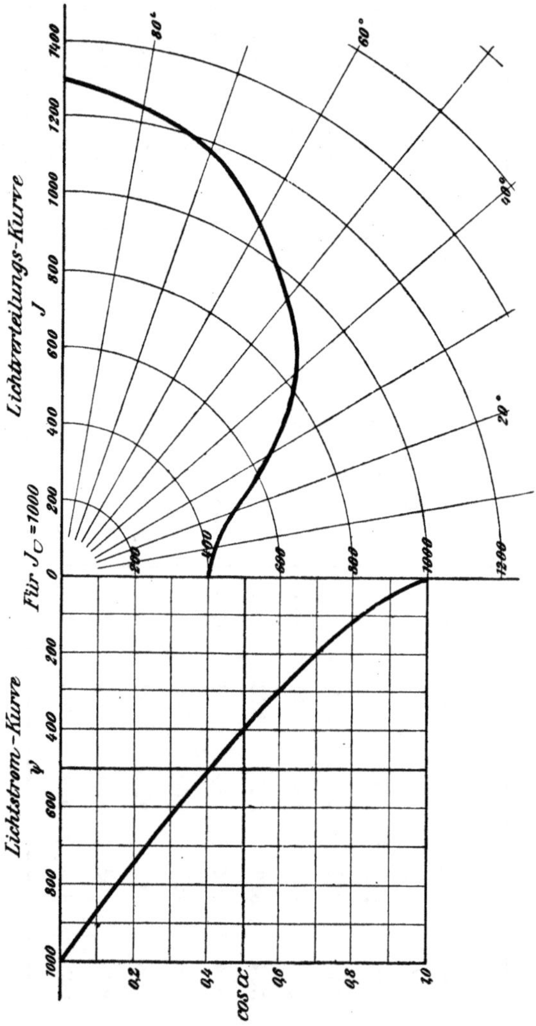

Fig. 23.

Stehendes Gasglühlicht mit Straßenreflektor.

Zahlentafel XI.

Lichtstrom-Tafel für stehendes Gasglühlicht mit Straßenreflektor.

1 — cos α	0	1	2	3	4	5	6	7	8	9	10	
0	0	4	8	12	16	21	26	31	36	42	48	0,9
0,1	48	54	60	66	73	80	87	94	101	108	116	0,8
0,2	116	124	132	140	148	156	165	174	183	192	201	0,7
0,3	201	210	220	229	239	249	258	268	278	288	298	0,6
0,4	298	308	318	328	338	348	358	368	378	389	400	0,5
0,5	400	410	421	432	443	454	465	476	487	498	510	0,4
0,6	510	521	533	544	556	568	579	591	603	615	627	0,3
0,7	627	639	651	663	675	687	699	711	723	735	748	0,2
0,8	748	760	773	785	797	810	822	835	847	860	873	0,1
0,9	873	885	898	910	923	936	948	961	974	987	1000	0
	10	9	8	7	6	5	4	3	2	1	0	cos α

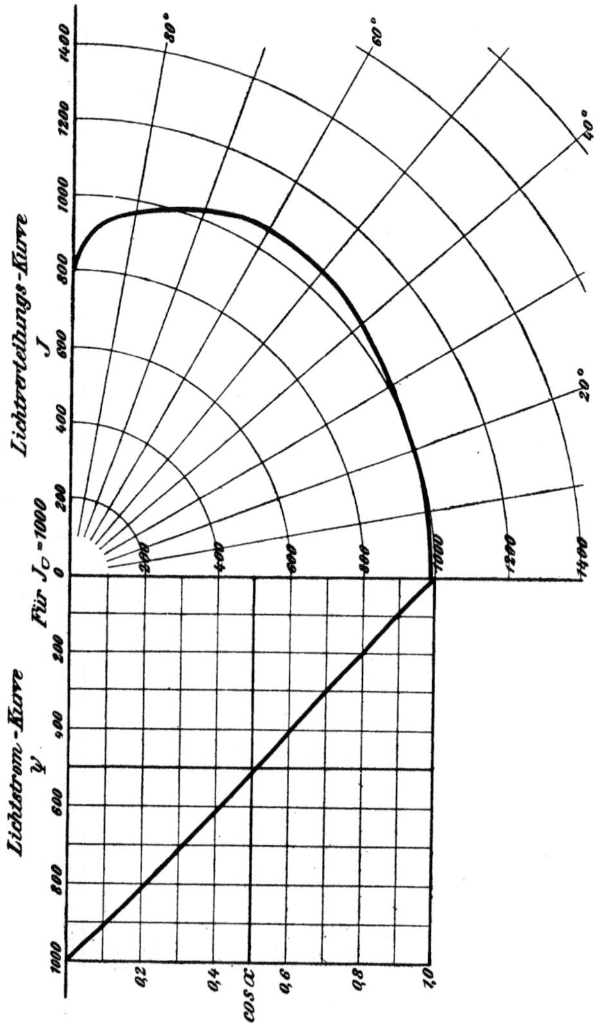

Fig. 24.

Hängendes Gasglühlicht.

Zahlentafel XII.

Lichtstrom-Tafel für hängendes Gasglühlicht.

1 — cos α	0	1	2	3	4	5	6	7	8	9	10	
0	0	9	19	29	39	49	59	69	79	89	99	0,9
0,1	99	109	119	129	139	149	159	169	179	189	200	0,8
0,2	200	210	220	230	240	251	261	271	281	291	302	0,7
0,3	302	312	322	332	342	353	363	374	384	394	405	0,6
0,4	405	415	426	436	446	457	467	478	488	498	509	0,5
0,5	509	519	530	540	550	561	571	582	592	602	612	0,4
0,6	612	623	633	643	653	663	674	684	694	704	714	0,3
0,7	714	724	734	744	754	764	774	784	794	804	814	0,2
0,8	814	824	834	844	854	864	874	884	894	903	912	0,1
0,9	912	922	931	940	949	958	967	976	985	993	1000	0
	10	9	8	7	6	5	4	3	2	1	0	cos α

Oscar Brandstetter in Leipzig.

Handbuch der elektrischen Beleuchtung. Bearbeitet von Jos. Herzog und Cl. Feldmann. Dritte, vollständig umgearbeitete Auflage. Mit ca. 650 Textfiguren. Erscheint im Herbst 1907.

Der elektrische Lichtbogen bei Gleichstrom und Wechselstrom und seine Anwendungen. Von Berthold Monasch, Diplom-Ingenieur. Mit 141 Textfiguren. In Leinwand gebunden Preis M. 9,—.

Die Beleuchtung von Eisenbahn-Personenwagen mit besonderer Berücksichtigung der Elektrizität. Von Dr. M. Büttner. Mit 60 in den Text gedruckten Figuren. In Leinwand gebunden Preis M. 5,—.

Die Berechnung elektrischer Leitungsnetze in Theorie und Praxis. Bearbeitet von Jos. Herzog und Cl. Feldmann. Zweite, umgearbeitete und vermehrte Auflage in zwei Teilen.

Erster Teil: Strom- und Spannungsverteilung in Netzen. Mit 269 Textfiguren. In Leinwand gebunden Preis M. 12,—.

Zweiter Teil: Die Dimensionierung der Leitungen. Mit 216 Textfiguren. In Leinwand gebunden Preis M. 12,—.

Theorie und Berechnung elektrischer Leitungen. Von Dr.-Ing. H. Gallusser, Ingenieur bei Brown, Boweri & Co., Baden (Schweiz) und Dipl.-Ing. M. Hausmann, Ingenieur bei der Allgemeinen Elektrizitäts-Gesellschaft, Berlin. Mit 145 Textfiguren. In Leinwand gebunden Preis M. 5,—.

Berechnung und Ausführung der Hochspannungs-Fernleitungen. Von Carl Fred. Holmboe, Elektroingenieur. Mit 61 Textfiguren. Preis M. 3,—.

Die Fernleitung von Wechselströmen. Von Dr. G. Roeßler, Professor an der Königl. Technischen Hochschule in Danzig. Mit 60 Textfiguren. In Leinwand gebunden Preis M. 7,—.

Elektrische und magnetische Messungen und Meßinstrumente. Von H. S. Hallo und H. W. Land. Eine freie Bearbeitung und Ergänzung des holländischen Werkes „Magnetische en Elektrische Metingen" von G. J. van Swaay, Professor an der Technischen Hochschule zu Delft. Mit 343 Textfiguren. In Leinwand geb. Preis M. 15,—.

Zu beziehen durch jede Buchhandlung.

GPSR Compliance

The European Union's (EU) General Product Safety Regulation (GPSR) is a set of rules that requires consumer products to be safe and our obligations to ensure this.

If you have any concerns about our products, you can contact us on ProductSafety@springernature.com

In case Publisher is established outside the EU, the EU authorized representative is:

Springer Nature Customer Service Center GmbH
Europaplatz 3
69115 Heidelberg, Germany

Batch number: 10682427

Printed by Printforce, the Netherlands